元素简史

少儿彩绘版

[美] 丽萨·康格恩 著

杨朝旭 译

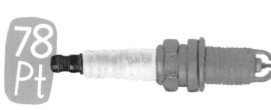

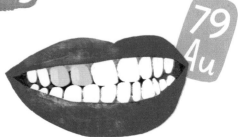

接力出版社
Publishing House

桂图登字：20-2022-150

图书在版编目（CIP）数据

元素简史：少儿彩绘版 /（美）丽萨·康格恩著；杨朝旭译． -- 南宁：接力出版社，2024. 10. -- ISBN 978-7-5448-8761-8

Ⅰ．06-64

中国国家版本馆 CIP 数据核字第 2024F6V896 号

元素简史（少儿彩绘版）
YUANSU JIANSHI (SHAO'ER CAIHUI BAN)

责任编辑：李茗抒　　美术编辑：王雪
责任校对：高雅　　责任监印：刘宝琪　　版权联络：王彦超
出版人：白冰　雷鸣
出版发行：接力出版社　　社址：广西南宁市园湖南路9号　　邮编：530022
电话：010-65546561（发行部）　　传真：010-65545210（发行部）
网址：http://www.jielibj.com　　电子邮箱：jieli@jielibook.com
经销：新华书店　　印制：北京博海升彩色印刷有限公司
开本：889毫米×1194毫米　1/16　　印张：7.5　　字数：155千字
版次：2024年10月第1版　　印次：2024年10月第1次印刷
定价：108.00元

前言

当我还是个小女孩的时候，我常会坐在餐桌旁看父亲工作。晚饭后，父亲会在方格纸上写下一些方程式。我知道我的父亲是一位科学家，但他手写的那些精妙的方程式，就是我对他物理生涯的全部认知。那时，我对这一切都很好奇，科学对我来说似乎很神秘、很复杂。二十多岁时，我成了一名小学科学教师。那时，科学又一次在我的生活里"复活"了。我喜欢和学生们一起学习组成宇宙的元素。几年后，我辞去了教师的工作，转而成了一名艺术家。我之所以写这本书，皆出于我对科学的兴趣和对绘画的热爱。这本书将会把元素周期表带入孩子和大人的世界中。艺术和科学都是极具创造性的领域，两者都需要开放性的创新，并遵循严谨的规律，都"迫使"我们手脑并用，通过实验来验证我们的想法。艺术家和科学家都会深入研究相关主题，诸如历史、神话等。从这些科学研究中，我们有机会将各种信息聚合，进而将其转化为新事物。

元素周期表是这个世界上所有物质的目录。我们能触摸到的、吃的、喝的和呼吸的所有物质都是由这些元素组成的。有些元素很常见，它们是我们日常生活的一部分，如氧、铝、银等。相反，有些元素，如钇、锑、镁等，是不怎么常见的，所以大部分人都不知道它们的名字和用途。

乍一看，元素周期表可能是一张枯燥乏味的图表。如果你把它简单地看成一系列"方格"，那是很无聊。然而，如果你"潜入"元素周期表中，你就会慢慢发现：它一点儿也不枯燥，也不像我曾经认为的那样神秘、无法预测。这是一张能够预测和推算的图表，从微小的原子，甚至是从更小的质子、中子和电子开始……

除了少数几种，元素周期表中的几乎每一种元素在世界上都有其用途，甚至一些毒性强、有危险的元素，在我们的生活中也都扮演着重要的角色。有些元素使我们的身体高效地工作，有些元素能杀死致命的癌细胞，并帮助我们发现疾病。还有一些元素是从矿石中提炼出来的，可以用在桥梁等各种建筑和飞机制造上。我们一直在寻找新的方法利用元素，让它们在技术、医疗和能源等方面发挥更大的作用。

如果你是一个喜欢问"为什么"和"怎么样"的人，那你可能已经是一名"科学家"了。在这本书中，我将向你介绍生动而又迷人的元素，介绍它们在我们生活中扮演的角色、它们在世界上起到的作用，以及一些发现这些元素的人的故事，内容引人入胜。1869年，德米特里·门捷列夫完成了第一版元素周期表的编制。他和你一样，是一个充满好奇的人！每一个发现都是从好奇开始的。

▲ ▲ ▲ ▲ ▲ ▲ ▲ ▲ ▲

目录

元素是什么

///////////

你 在现实世界中看到和感觉到的一切，譬如你站立的地面、你正拿着的书、天空中的星星等，都是由元素组成的。到目前为止，人们已知的元素有118种，其中90多种是地球上本来就有的，其余的是人类制造的。

关于原子的一切

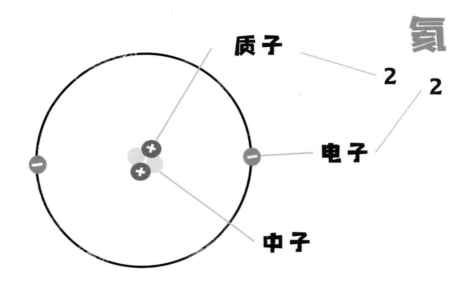

质子

氦

2

2

电子

中子

小小的奇迹

原子太小了，实在太小了，你得用功能非常强大的显微镜才能看到。每个原子都有一个叫作原子核的致密中心。构成原子核的粒子有两种：带正电荷的质子和不带电荷的中子。被原子核吸引的是一个或多个电子，它们是带负电荷的粒子。过去，科学家常把原子描述为一个微小的太阳系，电子像行星一样绕着"太阳"（原子核）运动，但原子的内部结构其实没这么稳定。如果你把这个微小的原子核想象成一颗豌豆，那么它就相当于在一个足球场大小的"云"中，电子也被包裹在这团"云"中。我们不能确定电子在"云"中的位置，因为电子是不可能被"钉"在某个位置上的。

质子，确定元素的粒子

所有原子都至少有一个质子，质子的数量决定其为哪种元素。例如，一个氢原子只有一个质子，再没有其他元素是只含有一个质子的原子。因此，我们可以根据质子的数量排列不同的元素，这个数字也叫作原子序数。

"无关紧要"的中子

中子既不带正电荷也不带负电荷。不管一个原子核中有多少中子，都不会影响这个原子核所带的电荷数。不过，中子会实实在在地影响一个原子的质量（中子的质量和质子的质量差不多）。

轨道上的电子

原子中除了有质子和中子外（大多数氢原子不含中子），还有电子。电子环绕着带正电的原子核运动。电子运行的轨道叫作电子层，每个电子层都有不同的能级，离原子核越远，电子的能量越高。最外层电子数会影响元素的反应活性。

同位素

一个原子中质子和中子的数量通常是相等或相近的。如果向一个原子核内添加或移除中子，那么就形成了这个原子的同位素。同位素就是同一种元素的较重或较轻的"版本"。改变原子中的电子数不会改变其元素的类型，但会改变其化学性质。如果向原子核内加入质子呢？哈！你猜到了，我们会"突然"得到另一种元素，一种有新的原子序数的元素。

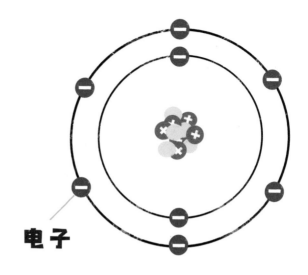

电子

- 原子的直径比红细胞直径的万分之一还短。
- 在原子内部，99% 以上的空间什么都没有。
- 人类一根头发的直径，大约为数十万个原子的直径之和。

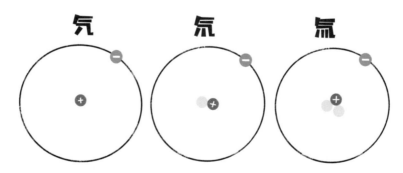

氢元素的三种同位素

化合物

分子由原子构成。分子构成了我们周围大部分的物质。化合物是由两种或两种以上不同的元素形成的单一的、具有特定性质的纯净物。有些化合物的化学性质十分稳定。化合物的形成不是简单的物质混合，而是发生了在原子水平上的结合。有时候，一种元素的原子形成化合物后会失去其原有特性。例如钠（Na），当它与另一种元素氯（Cl）结合后，会形成氯化钠（NaCl），这就是日常生活中的食盐的主要成分，氯化钠的化学性质与单质钠完全不同。

所有的化合物都有明确的组成。例如，你肯定听说过水（H_2O）这种化合物。一个水分子由两个氢原子和一个氧原子构成，如果你"拿"走一个氢原子，它就不再是水分子了。虽然元素周期表中只有 118 种元素，但这些元素可以组成很多种化合物。

什么是离子

带电荷的原子叫作离子[①]。带正电荷的原子叫作阳离子，带负电荷的原子叫作阴离子。

①由几个原子形成的带电荷的原子团也叫作离子。

合金与化合物

合金不是化合物，它是在金属中加热熔合某些金属或非金属后形成的具有金属特性的混合物。黄铜是由铜（金属）和锌（金属）组成的合金。钢是由铁（金属）和碳（非金属）组成的合金。组成合金的成分通常要在非常高的温度下熔化、混合，然后有步骤地冷却后成为固态合金。一般来说，合金比其单个组分的金属用处更广泛。

常见的化合物

生活中有一些常见的化合物，你可以通过它们的通用名来认识其中的主要成分，例如：

主要成分：NaClO

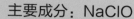

主要成分：$CaCO_3$

小苏打 ★

主要成分：$NaHCO_3$

75%

外用酒精

主要成分：C_2H_5OH

镁乳

主要成分：$Mg(OH)_2$

白糖
纯颗粒

主要成分：$C_{12}H_{22}O_{11}$

主要成分：NaCl

物质的状态

在室温（即人体感到舒适的环境温度，国际上约定为 25℃）下，大多数元素的单质是固态。通过加热或降温，元素的单质可以从一种状态变化到另一种状态。当元素的单质从一种状态变化到另一种状态时，原子（或分子）的数量保持不变，但原子（或分子）排布的紧凑程度却发生了变化。

 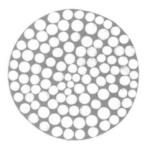

（内部放大图）

当元素的单质以固态形式存在时，构成单质的粒子之间引力与斥力平衡并固定在一个位置上。固态单质会一直保持同样的形状并有固定的体积。虽然有些固体是柔软可弯曲的，但它们仍然是固体。

当元素的单质呈液态时，粒子会四处移动。液态单质的形状取决于盛放它的容器。固定质量的液体无论形状如何变化，它的体积都是保持不变的。

 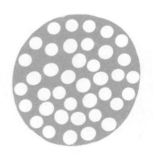

（内部放大图）

当元素的单质以气态的形式存在时，气态单质会向不同的方向移动（扩散）。无论容器有多大，气体最终都会充满整个容器。

（内部放大图）

炼金术与古代化学

在元素周期表还未被绘制出来之前，人类就在试图了解构成我们已知宇宙的独特物质了。这些基本理论是什么呢？古代，中国人认为宇宙大概由以下物质组成：木、火、土、金、水。古希腊人认为世界由四种基本元素组成：土、水、火、气。这种理论影响了西方思想两千多年。四元素不仅被人们用于描述他们在世界上所见到的实物，还被用于描述一个人所表现出来的气质以及身体感受。这就是人们经常提到的四种气质类型或四种体液类型[①]。人们认为，保持四种元素或体液平衡不仅对自然世界至关重要，对一个人的身心健康也至关重要。

炼金术士和淘金者

中世纪时，炼金术士为了了解和改变自然世界，开始将科学探索和神秘主义进行结合。炼金术士醉心于提纯和获得完美金属物质，并试图将铅或汞等普通金属转变为黄金。他们将自己认为可以完成这项任务的材料称为"贤者之石"。当然，现代科学已经证明了不存在这样的材料或物质，但是一位炼金术士亨尼格·布兰德在尝试找寻"贤者之石"的过程中，成了历史上有明确记载的第一个发现化学元素的人。

科学革命

在炼金术士的努力和已有发现的基础上，16世纪的先驱化学家开始摒弃四元素的概念，顺应新的科学方法。他们发现，所谓的四元素之一的"土"实际上是由许多化学元素组成的。他们做了许多研究和实验，研究炼金术士分离出的一些物质（例如砷或汞）与其他物质（例如空气中的一些气体成分）是如何相互作用的。由于某些物质在某些情况下的"行为"（化学性质）相似，因此，18世纪时，科学家开始将它们进行归类，这便是元素周期表的萌芽。

[①]古希腊医师希波克拉底试图从气质的角度对人的个体差异进行分类，提出了著名的"四体液病理学说"，认为人体内存在血液、黏液、黄胆汁和黑胆汁这四种不同的体液。多年以后，罗马医生盖伦也采用气质这一术语，把人的气质分成十三类。后来，人们又将这种分类简化为四种，分别为多血质、黏液质、胆汁质和抑郁质。

门捷列夫

元素的组织者、元素周期表的绘制者

1834 年 2 月 8 日①，在俄国的西伯利亚，一个名叫德米特里·门捷列夫的男婴出生了，这个男孩会在未来的某一天永远地改变科学的进程。门捷列夫来自一个异常庞大的家庭，没有人知道他家族的确切人数，他可能有十几个兄弟姐妹！在他十三岁那年，父亲去世了。后来，他家的生意因火灾而彻底被毁了。为了寻求更好的生活，他的母亲把他从西伯利亚带到了圣彼得堡，在那里他获得了进入大学学习的机会。尽管身体状况不佳，但门捷列夫仍然以班级第一的成绩毕业了。在短暂地担任了一段时间的科学老师后，他又回到了圣彼得堡，继续攻读化学专业。

①一说其生日为 1834 年 2 月 7 日。

门捷列夫的奇怪纸牌

门捷列夫精明、古怪（他留着长胡子，一头长发十分有名），他将自己的热情投入到了《化学原理》的写作中。在解释元素的性质和为它们排序的过程中，他发现元素的相对原子质量并不能代表元素的全部。受纸牌接龙的启发，他制作了一组纸牌，将当时已知的每种元素当作一张纸牌，在纸牌上列出每种元素的化学性质和相对原子质量。门捷列夫不管到哪里都随身带着这些纸牌，随时随地进行整理。

梦想成真

随着时间流逝，1869年2月，门捷列夫对他自制的这副元素纸牌越发痴迷，以至他不休不眠地玩了三天三夜，以不同的顺序排列这些纸牌，最终趴在书桌上沉沉睡去。在梦中，所有元素纸牌都开始跳舞，然后拼凑成了一个表格。门捷列夫就这样从元素周期表的萌芽之梦中醒来。他终于发现了一种神奇的规律！当按相对原子质量排列元素时，某些属性会周期性地出现，因此这个表就被称为"元素周期表"[*]。在他创建的初期元素周期表中，他在会出现未知元素的地方留下了空白，他甚至还预测了一些未发现元素可能具有的特性。

锂 Li	铍 Be	硼 B	碳 C	氮 N	氧 O	氟 F
相对原子质量 6.94 氧化物 Li_2O	相对原子质量 9.01 氧化物 BeO	相对原子质量 10.81 氧化物 B_2O_3	相对原子质量 12.02 氧化物 CO_2	相对原子质量 14.00 氧化物 多种	相对原子质量 16.00 氧化物？	相对原子质量 19.00 金属盐

钠 Na	镁 Mg	铝 AL	硅 Si	磷 P	硫 S	氯 Cl
相对原子质量 22.99 氧化物 Na_2O	相对原子质量 24.30 氧化物 MgO	相对原子质量 26.28 氧化物 AL_2O_3	相对原子质量 28.09 氧化物 SiO_2	相对原子质量 30.97 氧化物 多种	相对原子质量 32.07 氧化物 SO_2/SO_3	相对原子质量 35.45 金属盐

钾 K	钙 Ca	类铝 ？	类硅 ？	砷 As	硒 Se	溴 Br
相对原子质量 39.10 氧化物 K_2O	相对原子质量 40.08 氧化物 CaO	相对原子质量 68	相对原子质量 72	相对原子质量 74.22 氧化物 多种	相对原子质量 78.96 氧化物 SeO_2/SeO_3	相对原子质量 79.90 金属盐

* 此表为元素周期表的初期形式，相关数值并不准确。

如何读懂元素周期表

元素周期表可以帮助我们理解元素与元素之间的关系。门捷列夫根据每个元素的相对原子质量以及属性来绘制元素周期表。因为元素周期表有这样的规律，所以门捷列夫可以在某些元素被发现之前就预测出这些元素的存在。

元素周期表中的元素可分为六个不同类别。每个类别包含的格子都有自己的颜色，因此，你可以轻松地根据颜色，从组成元素周期表的格子中区分出每一部分。

每种元素都有自己的框，每个框内标有原子序数、元素符号等，很多时候，元素符号下方还会列出相对原子质量。

每个元素符号都由一个或两个字母组成，其目的是确保科学家们即使说不同的语言也可以轻松讨论同一元素。元素符号的第一个字母为大写，如果有第二个字母，第二个字母为小写。

每种元素都有一个原子序数，元素的原子序数是该元素原子核中的质子数。

	I A	II A	III B	IV B	V B	
1	1 H氢					
2	3 Li锂	4 Be铍				
3	11 Na钠	12 Mg镁				
4	19 K钾	20 Ca钙	21 Sc钪	22 Ti钛	23 V钒	
5	37 Rb铷	38 Sr锶	39 Y钇	40 Zr锆	41 Nb铌	M
6	55 Cs铯	56 Ba钡	57~71 La~Lu 镧系	72 Hf铪	73 Ta钽	W
7	87 Fr钫	88 Ra镭	89~103 Ac~Lr 锕系	104 Rf铲*	105 Db𬭊*	Sg

镧系	57 La镧	58 Ce铈	P
锕系	89 Ac锕	90 Th钍	Pa

■：碱金属
■：碱土金属
■：过渡金属
■：卤族元素
■：稀有气体
■：其他元素

注：带 * 的是人造元素。

									0
					IIIA	IVA	V A	VIA	VIIA	2 He氦
					5 B硼	6 C碳	7 N氮	8 O氧	9 F氟	10 Ne氖
	VIII		I B	II B	13 Al铝	14 Si硅	15 P磷	16 S硫	17 Cl氯	18 Ar氩
26 Fe铁	27 Co钴	28 Ni镍	29 Cu铜	30 Zn锌	31 Ga镓	32 Ge锗	33 As砷	34 Se硒	35 Br溴	36 Kr氪
44 Ru钌	45 Rh铑	46 Pd钯	47 Ag银	48 Cd镉	49 In铟	50 Sn锡	51 Sb锑	52 Te碲	53 I碘	54 Xe氙
76 Os锇	77 Ir铱	78 Pt铂	79 Au金	80 Hg汞	81 Tl铊	82 Pb铅	83 Bi铋	84 Po钋	85 At砹	86 Rn氡
108 Hs𬭛*	109 Mt䥑*	110 Ds𫟼*	111 Rg𬬭*	112 Cn鎶*	113 Nh鿭*	114 Fl𫓧*	115 Mc镆*	116 Lv𫟷*	117 Ts鿬*	118 Og𬚩*

| 61
Pm钷 | 62
Sm钐 | 63
Eu铕 | 64
Gd钆 | 65
Tb铽 | 66
Dy镝 | 67
Ho钬 | 68
Er铒 | 69
Tm铥 | 70
Yb镱 | 71
Lu镥 |
| 93
Np镎 | 94
Pu钚 | 95
Am镅* | 96
Cm锔* | 97
Bk锫* | 98
Cf锎* | 99
Es锿* | 100
Fm镄* | 101
Md钔* | 102
No锘* | 103
Lr铹* |

周期

　　元素周期表中的行被称为周期。同一行元素的原子核外电子层数相同。每一周期的阅读顺序是从左向右，第一周期中的元素的原子核外有一个电子层，第二周期中的元素的原子核外有两个电子层，以此类推。

族

　　元素周期表中的列称为族。在元素周期表中，每一族的阅读顺序是从上到下。同族元素的化学性质相似。

11

元素的类别

在元素周期表中，不同颜色代表元素的不同类别。元素的位置以及元素周期表的周期和族始终是固定的，但如果你查看不同类型的元素周期表，会发现颜色区分方式有所不同。本书的元素周期表根据元素的相似属性将它们分为六个类别。

碱金属：元素周期表中 IA 族除氢（H）外的六个元素，即锂（Li）、钠（Na）、钾（K）、铷（Rb）、铯（Cs）、钫（Fr）。碱金属都容易发生化学反应，这意味着碱金属易与其他元素相互作用。碱金属是所有金属中最活泼的，实际上，如果将某些碱金属单质置于水中或暴露于空气中，可能会引起爆炸。碱金属在这些剧烈的反应后产生被称为碱的物质。碱的水溶液在常温下 pH[①]大于 7。纯水是中性的，常温下 pH 为 7。碱金属在室温下均为固体，非常柔软且密度不大，其中一些甚至能漂浮在水上。

碱土金属：元素周期表中 IIA 族元素，包括铍（Be）、镁（Mg）、钙（Ca）、锶（Sr）、钡（Ba）、镭（Ra）。碱土金属容易发生化学反应，所以它们在自然界中很少以单质的形式存在。我们在地壳中常见的矿物中发现了由碱土金属组成的化合物。碱土金属对应的氢氧化物的水溶液呈碱性，但这些氢氧化物的溶解度一般较小。碱土金属比碱金属坚硬且密度较大，在室温下为固体，熔点较高。

① pH 常用来表示氢离子浓度，是水溶液中氢离子浓度的常用对数的负值。

过渡金属： 元素周期表中 IIIB 族到 IIB 族的元素，涉及表中的十列。过渡金属的单质绝大多数都具有金属光泽、高熔点和高沸点。

卤族元素： 元素周期表中 VIIA 族元素，包括氟（F）、氯（Cl）、溴（Br）、碘（I）、砹（At）、鿬（Ts）。卤族元素在自然界通常以盐的形式存在。随着相对原子质量增加，卤族元素的物理性质会出现规律性变化，颜色会逐渐变深，熔点、沸点、密度、原子体积也呈递增趋势。

稀有气体： 元素周期表上 0 族元素。早期的科学家称它们为"惰性气体"，因为它们几乎不与其他常见元素发生反应。稀有气体都是无色气体。

其他元素： 元素周期表中除上述五个类别外的元素。

1 H 氢

氢很"荣幸"地成为元素周期表中的第一个元素，这是因为氢原子的结构最简单。氢在宇宙中的含量也排名第一，约占宇宙总质量的75%。在太阳和其他恒星中，都可以找到大量的氢。仅在太阳中，每秒就能消耗约6亿吨氢，不断"燃烧"的氢释放出巨大的能量，为地球上的生命提供了热量和光。

类别：其他元素
发现年份：1766 年
发现者：英国科学家亨利·卡文迪什①

①在卡文迪什之前也有医生发现过氢气，但他们并未对其进行深入研究。

爱"结伴"的氢

氢喜欢"结伴"，易与自己或其他元素结合。氢与氧结合可以形成水，而地球上的海洋、河流、湖泊和云层都充满了水。氢和氧结合还会产生过氧化氢，可用于清洁和消毒。用于制作饼干等甜食的白糖的主要元素是氢、碳和氧。木星等巨型行星就是巨大的"氢气球"，其大气成分还包括氦和甲烷等。

利用氢能

氢的能量巨大，燃料电池能将巨大的氢能发挥出来。氢氧燃料电池是将氢和氧的化学能经过电化学反应转变成电能的装置。小型燃料电池可为笔记本电脑和手机供电，大型燃料电池可为公交车、小汽车或整个建筑物供电。

2 He 氦

氦气的命名来源于古希腊神话中的太阳神赫利俄斯。科学家第一次发现氦气是在一次日食期间，因为在太阳光谱中始终有一条无法解释的线。当时的科学家尚未在实验室中发现氦气，因为它是稀有气体，通常不会与其他元素发生反应，因此在普通的实验中很难检测到它。当其他元素彼此之间发生反应时，稀有气体独善其身，不与其他物质发生化学反应。最终，人们在矿石中发现了氦气。通过加热矿石，氦气被释放了出来。今天，绝大部分氦气是从地下开采的天然气中提取的。

类别：稀有气体

发现年份：1868 年

发现者：法国天文学家皮埃尔·朱尔·塞萨尔·让森，英国天文学家约瑟夫·诺曼·洛克耶[①]

趣事：氦是唯一在太空中发现早于在地球上发现的元素。

①部分参考书将发现年份定为 1895 年，发现者定为英国化学家威廉·拉姆齐。

向上，向上，然后"逃走"

氦气非常轻，所以很容易逃离地球的大气层进入太空。虽然宇宙中氦的质量约占宇宙总质量的 25%，但氦在地球上的含量却很少。氦气比空气轻，与其他稀有气体一样，也是惰性的。它几乎不与其他物质发生化学反应，也不会着火。因此，氦气可用于填充热气球、飞艇，有些派对上用的气球也是由氦气填充的。

3 Li 锂

锂是一种柔软的银白色金属。在所有金属中，它是最轻的，可以漂浮在水上（同时，它会与水发生剧烈反应）。锂极易发生化学反应且易燃，因此在储存时必须小心。

类别： 碱金属

发现年份： 1817 年

发现者： 瑞典化学家约翰·奥古斯特·阿尔韦德松

趣事： 锂虽然是一种金属，但质地柔软，可以用黄油刀切成薄片。

锂电池

"社交花蝴蝶"

锂喜欢与其他元素"相伴"。实际上，锂本身并不是在自然界中直接被发现的，因为它始终与其他元素结合在一起。你可以发现，它会与元素周期表另一端的氯结合在一起，生成氯化锂，氯化锂可以让潮湿环境中的空气变得干燥。锂元素通常存在于盐类化合物中，据估计，海洋中的锂盐含量超过 2000 亿吨。

锂的用途

锂是热和电的良导体，它的常见用途之一是制成锂电池。锂电池是小型手表、笔记本电脑和数码相机的理想能源。碳酸锂可以用于治疗双相障碍，有助于消除这种精神疾病引起的严重情绪波动。锂还用在飞机制造中，与铝结合后，可以形成一种轻巧而又结实的合金，使飞机整体更轻巧，燃料消耗更少。

4 Be 铍

铍是一种轻巧、坚硬的金属，由于它对人体有害且十分稀有，因此不会用在日常用品中。天然铍大多在超新星（超过原来光度1000万倍以上的新星[①]）中产生，因此并不常见。

[①]在短时期内光度突然增大数万倍甚至数百万倍，后来又逐渐回降到原来光度的恒星。

类别：碱土金属

发现年份：1797 年

发现者：法国化学家路易·尼古拉·沃克兰

趣事：铍最初被命名为"glucinium"，在希腊语中是"甜"的意思，因为人们发现它的化合物铍盐有甜味，但人们很快发现铍盐是有毒的，绝对不能食用，后来就改了名。

轻如羽，硬如磐

由于铍密度低、相对原子质量小，大部分的 X 射线都可以穿透它，因此它通常会被制成 X 射线管。铍与铜结合，可以形成高强度、不产生火花的合金，可在易燃物质周围安全使用。铍价格昂贵，但因其具有强度高、轻巧、熔点高和耐腐蚀等特性，成为航天器制造材料的理想之选。詹姆斯·韦布空间望远镜（哈勃空间望远镜的后继者）就使用了铍镜。

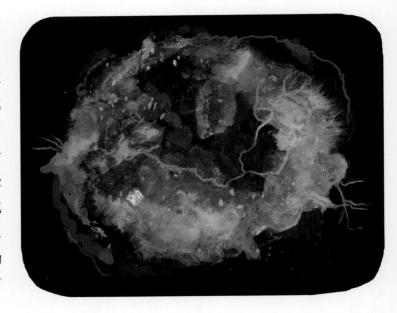

5 B 硼

虽然硼的外文名暗含打鼾的意思①，但硼却是元素周期表中的"特工"。硼化物②是地球上最硬的物质之一。天然的单质硼在自然环境中是不存在的，而是以硼的化合物形式存在，成为矿物的一部分。

类别：其他元素

发现年份：1808 年

发现者：法国化学家约瑟夫·路易·盖伊－吕萨克和路易－雅克·泰纳尔，英国化学家汉弗莱·戴维

趣事：人们会用硼酸制成的面团消灭虫子，比如蟑螂。

"有趣"的硼

当硼与其他元素结合在一起，就不会无聊了。③ 将单质硼和氮气放在一起，并使之发生特定化学反应，你将得到几乎与金刚石一样坚硬的立方氮化硼。碳化硼也是已知的最硬的物质之一，常应用于军事领域的坦克装甲。

硼在生活中的应用

硼的化合物很可能已经成为你日常生活的一部分。硼砂是许多洗衣粉和家用清洁剂的基础成分。我们的"特工"硼也能增强玻璃器皿——例如量杯和派莱克斯玻璃④烤盘——的耐热性能。

①硼的外文名"boron"和英文中的无聊一词"boring"发音相似，此处可能暗含"无聊得打鼾"的意思，是一个发音笑话。
②硼化物是硼与金属或某些非金属形成的二元化合物。
③此处同样为发音笑话。
④派莱克斯玻璃是硼硅酸盐硬质玻璃。

6 C 碳

如果说氢是将宇宙"黏合"在一起的"黏合剂",碳则是所有生命的基础。在化学界,有一个被称为有机化学的研究领域,专门研究有机化合物[①]。每种生物都包含含碳化合物。碳原子容易与其他原子形成共价键,以重复的结构单元交联形成高分子化合物。高分子化合物的相对分子质量可高达几万到几百万。有些碳的化合物聚合物(如纤维素)是天然存在的,并且对生物是必不可少的。对植物而言,纤维素是植物细胞壁的主要成分。尼龙纤维和塑料是在实验室和工厂生产的合成聚合物。合成聚合物弹性好、强度高、韧性强,所以用途极广,但正因为合成聚合物具有超强的稳定性,所以它们不易被生物降解,容易造成环境污染。

> [①] 有机化合物指除碳酸盐和碳的氧化物等简单的含碳化合物之外的含有碳元素的化合物。

类别:其他元素

发现年份:未知

发现者:未知

趣事:人们在阿尔卑斯山发现了冰人奥兹——一具约有 5300 年历史的冰冻尸体,其身体上的文身是用含碳物质着墨的(时至今日,含碳物质仍然是黑色文身墨水的主要成分)。

形式多样的碳元素

碳有多种同素异形体。同素异形体是指由同一元素组成的结构不同、物理性质也不同的单质。石墨、金刚石、富勒烯都是碳的同素异形体。石墨是层状结构,质地柔软;金刚石是立方晶系晶体,是世界上最坚硬的材料之一;富勒烯呈封闭空心球形或圆柱形,强度约为钢的 100 倍。

无处不在的碳元素

从食物到衣物,几乎在我们接触的所有事物中,都可以发现碳的身影。钢铁、火药、铅笔、马达、润滑剂、燃料和墨水等都是以碳为基础制成的。碳是制造神奇石墨烯材料的原料,石墨烯比钢更坚固,比橡胶伸缩性更强。

气候变化的始作俑者

碳也会带来消极影响。当化石燃料(例如煤和石油)燃烧时,会产生二氧化碳。二氧化碳、甲烷和其他温室气体在大气中含量增加会导致全球平均气温升高,这种现象被称为全球变暖。

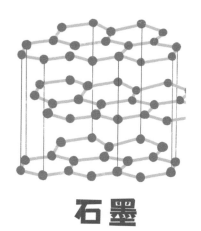

石墨

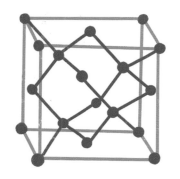

金刚石

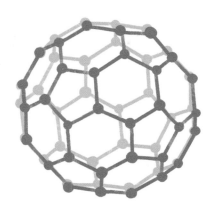

富勒烯

7 N 氮

氮气约占地球大气的 78%！在地球较早的历史时期，地壳中积聚的氮会通过火山喷发进入大气中。氮气是无色、无臭的，是一种化学性质不活泼的气体，这意味着它通常不容易发生化学反应。液态的氮无色、无臭。

类别：其他元素

发现年份：1772 年

发现者：英国化学家丹尼尔·卢瑟福

趣事：土卫六是土星最大的卫星，大气层内几乎全为氮气。它是太阳系中唯一具有浓厚大气层的卫星。

▲▲▲▲▲▲▲▲▲▲▲▲▲▲▲▲▲▲▲▲▲▲

氮与生命

地球上的氮元素分布非常广，这对地球上的生命来说是十分幸运的，也是至关重要的。虽然人体中氮元素含量大约只占 3%，但它却是人体中第四丰富的元素。固氮微生物将大气中的氮"固定"起来，供植物吸收利用，其他生物吃掉植物，可补充氮元素。即便我们生活在富含氮气的空气中，我们还是要依靠食用含蛋白质的食物来获取足够的氮元素。

人类的好友

两个氮原子以牢固的共价键结合形成氮气（N_2），存在于我们周围的空气中。

氨气是一种重要的氮氢化合物，它是无色的，极易溶于水。在人工合成的氨气中，大部分会用于制造肥料，其余的会用于制造塑料、纺织品、杀虫剂、染料和清洁剂等。

氮循环

1 大气中的氮气在闪电的作用下转化为含氮化合物，并通过雨水进入土壤。

2 土壤中的氮元素被固氮微生物转化为氨。

3 植物根部吸收铵盐和硝酸盐，利用它们合成蛋白质，促进生长。

4 动物吃掉植物后，吸收里面的含氮化合物，将其转化为蛋白质。

5 氮元素通过动物排泄以及动物尸体分解返回土壤。

8/O 氧

氧是地壳中最丰富的元素，也是宇宙中第三常见的元素，仅次于氢和氦。充沛的氧气以及广泛的反应活性使它成为我们日常生活中的关键元素。氧气是人类生存的基础，我们通过呼吸空气中的氧气来维持生命。大气中的氧气使各种各样的生物得到了发展和进化。

类别：其他元素

发现年份：1774 年

发现者：英国神职人员兼业余化学家约瑟夫·普里斯特利，瑞典化学家卡尔·威廉·舍勒

趣事：如果有一天我们发现了另一个富含氧气的行星，那里大概率会有地外生命。

生命周期

动物需要能量时，会持续吸入氧气，然后氧气会转化为二氧化碳，被动物呼出，返回大气。反过来，植物会通过光合作用将二氧化碳和水转化为氧气和有机物。

易反应的氧气

氧气与大部分元素都能发生化学反应。当物质燃烧时，会产生光和热，这通常是因为它们与氧气发生了化学反应。例如，蜡烛在氧气中燃烧能燃起火焰，但是如果将玻璃杯罩在火焰上，就切断了氧气来源，火焰就会熄灭。

氧气的用途

我们每次呼吸时，都会通过生物氧化反应释放储存在细胞中的能量。这个过程能为人体提供动力。同样，我们也可以利用氧气的力量为整个世界提供能源，譬如，汽车的发动机由汽油和空气混合后燃烧产生的能量驱动。当我们处于氧气不足的环境中（例如深度潜水、攀登高山或进行太空飞行）时，就需要用到氧气罐。另外，进行太空飞行时，不仅航天员需要氧气，发射火箭时燃料燃烧也需要氧气。

9 F 氟

氟是元素周期表中最活泼的元素之一。纯净的氟气是有毒的淡黄绿色气体，化学性质十分活泼，以致空气中仅存在微量氟气就可能引发一系列的病痛。氢氟酸可以腐蚀坚硬的物质，例如金属、玻璃等。氟单质具有毒性，这让它从其他物质中分离出来的过程异常困难。直到1886年，亨利·穆瓦桑才分离出单质氟。他在1906年获得了诺贝尔化学奖。

类别：卤族元素

发现年份：1886年

发现者：法国化学家亨利·穆瓦桑

趣事：荧光一词的来源与富含氟的萤石有关。[①]部分萤石在受摩擦、加热、被紫外线照射时可以发光。

① 荧光一词英文为"fluorescent"，萤石一词英文为"fluorite"。

从有毒气体到保护牙齿的朋友

少量氟与其他元素结合后，氟会从致命的气体变为有用的朋友。实际上，氟对人类是至关重要的。牙膏中添加的氟化物通常是氟化钠，可以有效预防龋齿。20世纪40年代，科学家发现生活在氟化物含量高的地区的人们极少患龋齿，因此，美国在许多地方的自来水中都添加了氟化物。

10 Ne 氖

氖是地球上极为罕见的元素，约占地球大气的 0.0018%。它在元素周期表中与氟相邻，但与其相反，氖的反应活性非常低，它几乎不与任何其他元素（甚至是氟气）发生化学反应。氖气在自然状态下是一种无色气体。

类别：稀有气体

发现年份：1898 年

发现者：英国化学家威廉·拉姆齐和他的同事莫里斯·特拉弗斯

趣事：液态氖气有时可用于人体冷冻。人们希望将来能复活这些人。

关于霓虹灯

世界上第一盏实用的霓虹灯，是法国工程师乔治·克劳德于 1910 年生产的。人们一开始对这些灯不感兴趣，因此克劳德将灯管弯成字母形，卖给了店主们，店主们开始用它们做店铺标牌。当把充满氖气的管子通上高压电后，氖气会发出明亮的红橙色光。如今，所有颜色鲜艳的照明灯具都被称为"霓虹灯"，填充的气体不同，颜色也不同，例如填充氦气可呈粉红色，填充少量汞蒸气可呈蓝色。

11 Na 钠

你可能知道食盐中含有钠，但你知道添加到食物中的不是单质钠，而是氯化钠吗？单质钠具有极强的反应活性，在自然界中，钠绝不会以单质钠的状态存在，而总是以化合物的形式存在。单质钠为银白色，足够柔软，可用刀切开。单质钠必须存储在专用容器中，以防止其与空气和水发生反应。

类别：碱金属

发现年份：1807 年

发现者：英国化学家汉弗莱·戴维

趣事：古埃及人在制作木乃伊时，会用钠盐的混合物给尸体防腐。

各种各样的钠盐

钠的化合物能使炸薯条变得好吃，能添加在沐浴露中，能帮我们疏通下水道。碳酸氢钠存在于某些碳酸饮料中，还是干粉灭火器的成分之一。硫酸钠可以用于制造纸张和玻璃。海水的平均盐度是 35‰，即每千克海水的含盐量约为 35 克。

钠与人体健康

钠盐是人体所需的无机盐之一，它能维持血压和体液平衡，维持神经和肌肉兴奋……以上仅仅是钠盐的少数几项功能。

12 Mg 镁

镁是一种容易与其他物质发生化学反应的元素。镁常用作还原剂置换钛、锆、铀等金属。地球上的镁元素大部分分布在海水、天然盐湖水、白云岩、菱镁矿中。

类别：碱土金属

发现年份：1808 年

发现者：英国化学家汉弗莱·戴维

趣事：镁被广泛应用于火箭、飞机制造业。

镁的燃烧瞬间

镁粉极易燃烧。镁燃烧时的火焰温度可达2200℃以上，会产生超亮白光，所以制作烟火和照明弹时会用到镁。镁燃烧时，不能用水灭火，因为镁在加热状态下会与水加速反应产生氢气。

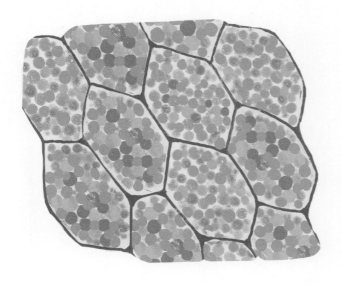

镁的园艺天分

几乎所有生物都需要镁。镁在光合作用中发挥着重要作用，因为叶绿素是光合作用完成所需的重要物质，而镁是合成叶绿素的成分之一。若缺镁严重，可能导致植物产生褐斑，甚至因此枯萎。

镁与人体健康

人体需要镁。人们可以从各类食物中获得镁。人体中的镁有60%~65%存在于骨骼和牙齿中。镁还可以调节神经、肌肉的兴奋度，维护胃肠道和部分激素的功能。

13 Al 铝

当人们听到铝这个词时，他们会想到用来包裹食物的铝箔。单质铝柔软且延展性好。如今，铝是世界上应用最广泛的金属之一，除了在厨房里使用，在其他方面也具有非常广泛的用途，但你肯定想不到，到了 19 世纪科学家们才发现它。铝被发现以后，科学家又花了几年的时间才弄清楚如何从铝土矿中提取金属铝。铝土矿是提炼金属铝的主要来源。

类别：其他元素
发现年份：1825 年
发现者：丹麦化学家汉斯·克里斯蒂安·厄斯泰兹
趣事：航空铝合金材料常用于制造飞机外壳，可以在保证强度的情况下减轻飞机的质量。

铝的奢华历史

曾几何时，铝被认为比黄金更有价值，这是因为提炼纯铝的价格高昂，以至于金属铝被认为是有钱人和特权者专享的。传说，在法国皇帝拿破仑三世的宴席上，是用铝板盛放美味佳肴供来访的外国元首享用的，以显示尊贵，而地位较低的公爵吃的菜肴则只能用黄金盘盛放。在 1855 年的巴黎世界博览会上展出的法国皇帝的皇冠旁，就摆放了一根铝条。

回收物中的"国王"

铝用途广泛，但价格昂贵且提炼困难，因此被广泛回收再利用。幸运的是，每年销售数十亿美元的碳酸饮料的罐体几乎是 100% 的纯铝，回收时十分轻松。

铝的应用

铝质量轻且耐腐蚀（铝与空气中的氧气反应，会生成一层致密的氧化铝薄膜，这层致密的氧化铝薄膜可让铝耐腐蚀），这使它非常适合制作窗框、食品容器、飞机外壳等。铝是极好的电导体，可以和其他金属制成合金，应用于电缆中。

1855年的巴黎世界博览会

14 Si 硅

硅在地壳中的含量仅次于氧。在自然界中，硅通常以含氧化合物的形式存在。几乎所有的岩石都是硅和氧的化合物。

类别：其他元素

发现年份：1824 年

发现者：瑞典化学家约恩斯·雅各布·贝尔塞柳斯

趣事：人类很早就发现硅是有用的。许多石器时代的工具，例如箭头和切割工具，都是由硅质岩石（石英或燧石）制成的。

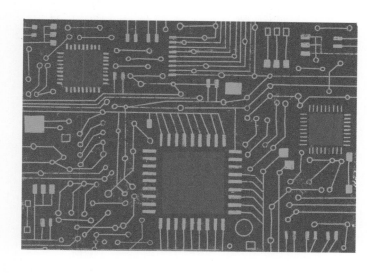

硅的用途

硅元素"多才多艺"，太阳能电池中的硅可以将光能转化为电能。玻璃、砖和陶瓷中都含有硅酸盐。硅还可用于制造硅油、装修用的密封胶、工业润滑剂和厨具（例如硅胶铲子）等。

硅与半导体

在过去五十年中，硅已逐渐成为世界上最重要的元素之一，因为其在计算机制造领域中具有重要的地位。美国加利福尼亚州旧金山有一个被称为硅谷的庞大地区，该地区有许多计算机公司。硅本身不是良好的导体，但是向硅中添加其他微量元素会使其成为更有用的半导体。

15 P 磷

磷有多种同素异形体，我们较熟悉的有白磷、红磷、黑磷三种：白磷有致命毒性，处于暗处时会发出绿色磷光；红磷更安全、更稳定；黑磷较罕见，有金属光泽。尽管磷在维持几乎所有生物的生命活动方面起着一定的作用，但人们在自然界中几乎从未发现过以单质状态存在的磷。

类别：其他元素

发现年份：1669 年

发现者：德国人亨尼格·布兰德，他是一名炼金术士，也是一个商人。

趣事：火柴盒外侧的摩擦区含有磷，当火柴头与磷摩擦时，磷会产生火花，从而点燃火柴。

有关"小便"的故事

德国炼金术士亨尼格·布兰德在 17 世纪首次发现了磷。为了寻找神话传说中的"哲人石"，布兰德决定煮沸尿液（也许是尿液金黄的颜色使他产生了这个想法？）。结果，布兰德得到了一种令人毛骨悚然的发光物质：实际上是白磷与氧气发生了化学反应。布兰德对他的发现感到非常满意，并深信这种物质具有神奇力量，因此多年来一直保守着这个秘密。后来，该元素被命名为磷，意为"给予光明"。

DNA 中的磷

高能磷酸键对生物很重要，因为它是脱氧核糖核酸（DNA）结构的一部分，也是腺苷三磷酸（ATP）的组成部分。ATP 水解时释放出能量，这是生物体内最直接的能量来源。

成长的烦恼

化肥中的磷可帮助植物生长，但是，如果过度使用化肥，大量磷酸盐进入水体中，会导致藻类和其他植物过度生长，污染水源。

好臭，熏死人了！

单质硫没有特殊气味，但硫的许多化合物都有臭味！有一种叫作硫醇的含硫化合物，是臭鼬排出的臭气的主要成分。

硒在元素周期表中位于硫的下方，许多硒的化合物的气味和硫的化合物一样难闻。许多化学家都说，硒化氢可能是世界上最糟糕、最难闻的物质（其他化学家也相信他们说的话）。

科学家用希腊语中的"恶臭"一词为溴元素命名。你可能已经在游泳池或热水浴池中闻到过溴的特殊气味，那是因为其中的水用溴进行了消毒。

碲、硫和硒也可以用来消毒，但仅仅吸入半微克的碲，就会让一个人感觉呼吸了长达 30 小时的浓度极高的大蒜气味。

英国化学家史密森·坦南特被金属锇发出的刺激性气味恶心坏了，以希腊语中的"臭味"一词为锇命名。

16 S 硫

类别：其他元素

发现年份：未知

发现者：未知

趣事：古人会用二氧化硫熏蒸房屋，以除去害虫。

硫的化合物的气味简直让人"印象深刻"，硫是人们发现的能在自然界中以单质形态存在的为数不多的元素之一。单质硫是淡黄色晶体，主要存在于火山口和温泉中。

硫的化合物的用途

硫酸是一种具有腐蚀性的油状液体，可用来制造肥料，炼油，给钢铁除锈。天然橡胶进行硫化后会变得有弹性，可用于制造轮胎。硫化物还可用来保存干果（防虫），制造蓄电池。

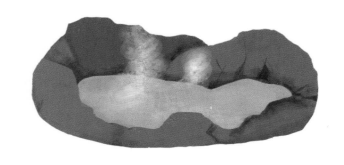

17 Cl 氯

氯气是一种浅黄绿色的气体，具有很高的反应活性和危险性，但氯与其他元素生成化合物后，对人体维持正常运转是很有用的。氯化钠可调节神经和肌肉功能，维持体液平衡。我们的胃会产生盐酸（氯化氢），可帮助消化食物。

类别：卤族元素

发现年份：1774 年

发现者：瑞典化学家卡尔·威廉·舍勒

趣事：1897 年，英国暴发伤寒，人们发现致病因子可能是水体中的致病细菌。后来，人们确定氯气可以对自来水进行消毒，于是很多国家都开始用这种方式消毒。

氯的用途

氯广泛应用于纸制品、染料、纺织品、防腐剂、杀虫剂、油漆、电池、明胶和聚氯乙烯塑料（PVC）中。提炼稀有金属时，也常用到氯气。

危险的氯气

氯气对人体有害，会刺激呼吸系统，吸入后会导致肺水肿，让人呼吸困难。令人叹息的是，因为氯气具有这种性质，它曾在战争中被当作化学武器。

18 Ar 氩

氩是名副其实的"懒惰"元素，是元素周期表中的"沙发土豆"[①]。氩气与其他稀有气体一样，都被称为惰性气体，因为它们"没兴趣"与其他元素结合。氩气在地球大气中的含量仅次于氮气和氧气。

①沙发土豆指的是那些拿着遥控器，蜷在沙发上，什么事都不干的人。

类别：稀有气体

发现年份：1894 年

发现者：英国化学家瑞利、威廉·拉姆齐

趣事：氩气是无色的惰性气体，但通电状态下氩气会发出蓝紫色的光，人们会将其做成发光的广告牌。

氩气的用途

氩可能很"懒惰"，但就是因为"懒惰"，才使它很有用。由于空气中的氩含量相对较高，因此获取氩气比获取其他的惰性气体要方便一些，方法是：先将空气冷却成液体，然后根据各种气体的不同沸点提取所需气体。在一些高温作业（例如焊接）中，用氩气包围火焰，可防止金属与氧气发生反应（非惰性气体大多会在这种温度下与金属发生化学反应）。

氩气的传热率低，这让它能很好地隔热。隔热窗户的两层玻璃之间存在氩气。白炽灯中常会充入氩气，因为氩气即使在高温状态下也不与灯丝发生反应，所以可延长灯丝的寿命。

19 K 钾

单质钾是一种柔软的金属，可以用小刀切割，具有很高的反应活性，因此在自然界中，钾几乎不以单质形式存在。钾的化合物应用很广泛。如果没有钾，我们人类将无法生存。

▲▲▲▲▲▲▲▲▲▲▲▲▲▲▲▲▲▲▲

类别：碱金属
发现年份：1807 年
发现者：英国化学家汉弗莱·戴维
趣事：你知道吗？香蕉竟然具有放射性，因为香蕉中含有钾（其实是钾 –40 具有放射性），但是不用担心，香蕉的放射性很低，对人体没什么危害。

钾盐

草木灰为植物燃烧后的灰烬，将其溶解在水中，你会发现水溶液中充满了钾盐。世界上大部分的钾盐都是为了制作肥料生产出来的，钾肥可提高土壤供钾能力，促进植物生长。钾对植物有许多好处，在水分调节、提高植物抗旱性以及供钾能力等方面起着重要的作用。

钾与人体健康

钾是人体必需的营养素。钾可以调节细胞的渗透压，维持体液的酸碱平衡，参与细胞内糖和蛋白质的代谢，有助于维持神经健康，协助肌肉正常收缩。当人们出汗或胃痛时，人体会失去电解质，导致钾离子水平降低，这会导致身体虚弱、某些部位抽筋。如果发生了这些情况，需要及时补充含钾离子的电解质，让体液恢复到健康水平。香蕉、杏、兵豆、西蓝花和哈密瓜等食物都能为我们的身体补充钾。

20 Ca 钙

钙在我们的生活中无处不在，当然，我们体内也有钙存在，基本分布在骨骼和牙齿中。钙单质是一种银白色金属，由于它会与空气和水反应，因此在自然界中几乎看不到钙单质。石灰岩、珊瑚和贝壳的主要成分都是碳酸钙。

类别：碱土金属

发现年份：1808 年

发现者：英国化学家汉弗莱·戴维

趣事：你知道 X 光片和钙有什么关系吗？其实，X 射线穿过人体时，骨骼中的钙会吸收 X 射线的辐射，而 X 射线穿过肌肉等软组织时被吸收的量少，所以胶片上会出现骨骼的白色图像。

▲▲▲▲◀▲◀▲◀▲◀▲◀▲◀▲◀▲◀▲◀▲◀▲

钙与人体健康

你可能知道牛奶对身体有益，但你知道实际上是牛奶中的钙使骨骼变得强健吗？钙对人体至关重要，约占人体重量的 2%，其中大约 99% 存在于我们的骨骼和牙齿中。如果我们的饮食中缺乏钙，就会导致骨骼变脆或不能正常发育。富含钙的食物很多，有乳制品、豆类和某些鱼等。

钙的神奇应用

石灰岩是一种沉积岩，主要成分是碳酸钙。石灰岩可制成抛光石材，也是水泥的重要成分。石膏的主要成分是硫酸钙的水合物，可用于建筑施工，也可用来制作保护骨折部位、促进愈合的石膏板。对了，人行横道上的白线也是含有石膏的！

21 Sc 钪

　　钪是一种和铝很像的柔软轻质金属。它有很多用途，但你或许从来没听说过，这是为什么呢？其实，钪在地壳中并不是很稀有，它分散在整个地壳中，但每一处都不多。与大多数常见的金属不同，钪不会集中在一个地方，因此提炼和加工必须耗费大量的精力。

▲▲▲▲▲▲▲▲▲▲▲▲▲▲▲▲▲▲▲

类别：过渡金属

发现年份：1879 年

发现者：瑞典化学家拉尔斯·弗雷德里克·尼尔松

趣事：元素周期表之父门捷列夫在 1871 年提出了一项预测：钙和钛之间存在一种元素。尼尔松花了大约十年时间才发现钪，并以斯堪的纳维亚半岛命名了该元素（尼尔松的家乡瑞典在斯堪的纳维亚半岛上）。①

①钪对应的外文单词为"Scandium"，斯堪的纳维亚半岛对应的英文单词为"Scandinavia"，二者发音相似。

钪的用途

　　尽管产量有限，钪还是得到了很好的利用。仅加入千分之几的金属钪就可以提高铝合金的性能，非常适合制造飞机部件、自行车车架、棒球棍等。此外，钪可以用来制作金属卤化物灯——钪钠灯，这种灯发光效率高、破雾能力强，被称为第三代光源。

"濒危"元素

虽然元素基本不会从地球上消失，但因为人类的过量使用，它们已经分散到了全球各个角落，这会使它们很难被聚集或恢复原样，因此用"濒危"一词来形容部分元素很合适。当你听到"濒危"这个词时，你可能会想到动物，但元素也可以被称为"濒危物种"，即便它们没有死亡或消失——更确切地讲，当一种元素处于"濒危"状态时，我们将很难获得它。

尽管氦是宇宙中第二丰富的元素，但地球上的氦气是积累了数十亿年才达到现在这个量的。目前人们使用氦气的速度远远快于氦气的生成速度。

氧化铟锡是生产电子触摸屏的关键材料，近年来，这种材料的需求量猛增。科学家们正在努力尝试用更有效的方法从地球上的铟矿和废弃设备中提取铟。

如今，磷肥应用越来越广泛，预计在未来三十年间，磷的供应量将严重不足，不过，科学家们正在研究如何从尿液中回收磷。

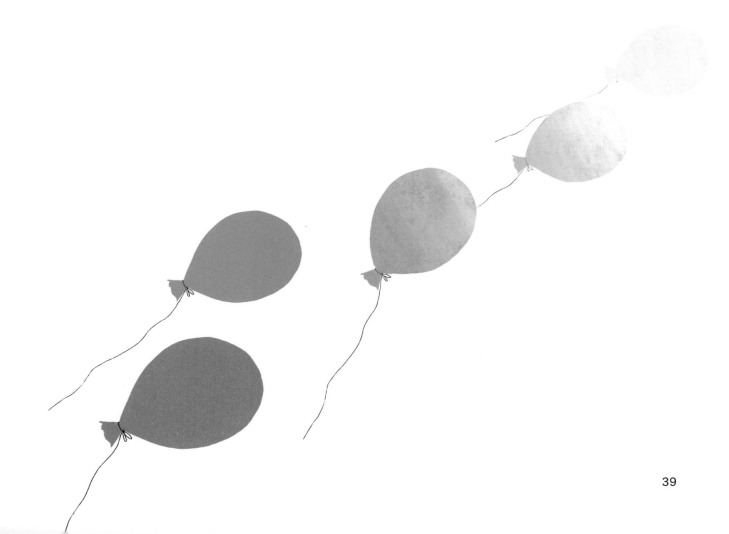

22 Ti 钛

钛的命名来源是古希腊神话中的提坦①。由于金属钛强度大、轻巧、耐腐蚀，所以它是元素周期表中的"超级英雄"之一。虽然钛矿石在地球上非常丰富，但提炼难度很大，这使得金属钛成为一种昂贵的资源。

> ①钛的外文单词"Titanium"和提坦的英文单词"Titan"相似。

类别：过渡金属

发现年份：1791 年

发现者：英国牧师兼矿物学家威廉·格雷戈尔

趣事：月球被成簇的富含钛的岩石覆盖着。月球土壤的钛含量是地球土壤的 6 倍多。

制取金属钛

地球上大部分钛存在于岩浆岩（岩浆喷出地表或侵入地壳冷却凝固所形成的岩石）中。抓起一把沙子，你就握了一把"钛"。冶炼钛的步骤十分复杂。首先要把钛铁矿变成四氯化钛，再放到密封的不锈钢罐中，充以氩气，使其与金属镁反应，得到"海绵钛"。这种多孔的"海绵钛"是不能直接使用的，还必须把它们熔成液体，才能铸成钛锭。

钛的用途

尽管钛的价格昂贵，但钛的高强度和轻巧的特性使其成为制造火箭和喷气发动机的首选材料，也使钛在自行车车架、高尔夫球杆和旱冰鞋等运动设备制造领域广受欢迎。钛很少引起过敏，可以作为珠宝首饰安全地贴身佩戴，也可以作为人造关节或修复颅骨的金属板安装在体内。

神奇的二氧化钛

钛与氧气在特定条件下发生反应可以生成二氧化钛，这让钛有了另一种令人惊叹的用途。二氧化钛呈白色且不透明，可用作颜料和一些书籍纸张的基底材料，防止印刷时油墨渗到背面。超细二氧化钛具有优异的紫外线屏蔽性，可作为防晒霜的活性成分。

23 V 钒

钒是一个坚忍的"工人"，具有团队精神。钒是一种有光泽的银白色金属，当它与钢形成合金后，会变得更坚硬、更轻。事实上，亨利·福特[1]认为钒钢合金有良好的品质和特性，是世界上第一种以大量通用零部件进行大规模流水线装配作业的汽车——福特T型车必不可少的材料。

类别：过渡金属

发现年份：1830年

发现者：瑞典科学家塞夫斯托姆

趣事：钒盐色彩鲜艳，有的像翡翠一样绿，有的像浓墨一样黑，可制成彩色玻璃与各种墨水。

[1]亨利·福特（1863—1947），美国汽车工程师、企业家，福特汽车公司创始人。

含钒的合金

在钢中加入微量的钒，可制成更坚硬、更轻的合金。由于钒钢合金在高温下仍能保持硬度，因此它是制造武器和工具的理想材料。大马士革钢以其高强度和高锋利度而闻名，人们研究发现，其中含有微量的钒。家用工具箱的工具中常含有钒元素，钒钢合金增加了钻头、扳手、钳子等工具的耐用性。

24 Cr 铬

为物件镀铬是铬广为人知的一种用途。金属铬不仅自身有光泽，还可以让其包裹住的金属免受腐蚀，所以它经常被用作其他金属的保护层。20世纪五六十年代，在汽车和摩托车制造业，制造超闪金属保险杠和轮辋都需要镀铬。

类别：过渡金属

发现年份：1797年

发现者：法国化学家路易·尼古拉·沃克兰

趣事：美国校车的车身曾用过铬酸铅制成的铬黄颜料，后来科学家发现该颜料有毒。如今，美国校车车身仍然是黄色的，但已换成了无毒的颜料。

能产生多种颜色的铬

你可能想知道为什么铬得名于希腊语中的"chroma"（意为"颜色"）一词，毕竟，单质铬是一种银灰色的金属。但是，当铬元素与其他元素结合时，会产生其他颜色，从二氧化铬的棕黑色到三氧化二铬的绿色，再到无水三氯化铬的紫红色，颜色十分丰富。自18世纪以来，这些颜料已广泛用于油漆和染料中。铬能使一些宝石——如红宝石、祖母绿和变石等——呈现出更深的颜色。

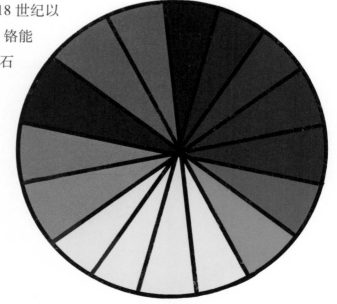

25 Mn 锰

锰是一种硬脆的银白色金属，存在于多种矿物中。锰广泛存在于自然界中，海底就有许多状似土豆的锰块。

类别：过渡金属

发现年份：1774 年

发现者：瑞典化学家约翰·戈特利布·加恩

趣事：早在约 17000 年前，远古的人类就在洞穴壁画中使用氧化锰颜料了。

▲▲▲▲▲▲▲▲▲▲▲▲▲▲▲▲▲▲

使钢铁更强大

大约 90% 的锰会应用于钢铁工业中。当工业先驱们开始生产钢铁时，他们发现钢材被轧制或锻造时经常会断裂。他们意识到，在钢中添加适量的锰，会除去钢中的氧和硫杂质，从而使钢更坚固，却又不失延展性。锰钢的耐磨性、耐腐蚀性好，可用于制造火车轨道和监狱隔离栅等。

锰与人体健康

锰对人体有许多好处，包括保持骨骼健康、参与人体的代谢活动、促进钙的吸收、调节血糖、促进脂肪和碳水化合物的代谢等。我们可以通过吃坚果、谷物和蔬菜等来获取锰元素。

元素与人体

构成人体的所有元素中，氧、碳、氢、氮、钙、磷约占 99%，另外五个元素——钾、硫、氯、钠、镁——约占 0.95%。此外，碘、锌、硒、铜等元素仅以微量存在于我们体内，但对人体来说也是必不可少的。

氧约占 65%，有助于将食物转化为能量。

碳约占 18%，是体内有机物的骨架元素。

氢约占 10%，协助转运营养、清理废物、调节体温并产生能量。

氮约占 3%，是人体氨基酸的关键成分，能组成人体所需的蛋白质。

钙约占 2%，会使你的骨骼和牙齿变得坚固。

磷约占 1%，帮助细胞和组织生长、修复。

钾约占 0.35%，主要存在于细胞内液中，有助于维持电解质平衡。

硫约占 0.25%，参与蛋白质的构成，维护大脑功能，维持身体代谢。

氯约占 0.15%，有助于维持机体电解质平衡。

钠约占 0.15%，协助神经与肌肉正常运作，维持体液中的电荷平衡。

镁约占 0.05%，具有保护神经系统的作用。

26 Fe 铁

铁具有铁磁性，在地球上分布很广。单质铁是一种延展性良好的银白色金属，有很高的反应活性。在一定条件下，当铁与空气、水接触后，会发生锈蚀。铁锈几乎和铁相伴相生，许多人想到铁时，脑海中就会出现红褐色的铁锈。

▲▲▲▲▲▲▲▲▲▲▲▲▲▲▲▲▲▲

类别：过渡金属

发现年份：史前

发现者：未知

趣事：1972 年，中国河北省藁城台西村出土了一把商代铁刃青铜钺，铸造年代约在公元前 14 世纪。

铁与地球磁场

目前，我们对地球磁场的形成和运动机制还没有完全理解，但许多人都认为铁的存在是地球有磁场的重要原因。地球磁场对地球生命起着至关重要的保护作用。它可以抵御来自太空的太阳风暴和宇宙射线，防止它们进入地球的大气层，对地球生物造成伤害。磁场还维护了地球上大气和海洋的运动，对气候和气象现象产生了重要影响。

铁的冶炼

现代，人们绝大部分采用高炉炼铁，个别采用直接还原炼铁法和电炉炼铁法。高炉炼铁是将铁矿石在高炉中还原，熔化炼成生铁，此法操作简单，能耗低，成本低廉，可大量生产。

铁的用途

由于铁易生锈，因此人们更常使用的是铁与其他金属形成的合金。铁的合金可以以无数种形式铸造、加工和焊接，这使铁成为地球上最有用、应用最广泛的物质之一。我们用铁的合金建造桥梁、摩天大楼、集装箱、汽车、工具等。

铁与人体健康

铁在人体内主要存在于红细胞中，约占人体中含铁总量的 60%~70%。铁是人体血液中交换与输送氧气所必需的元素。如果身体缺铁，红细胞就会变少，从而导致贫血。贫血会使人感到昏昏欲睡。我们可以吃蔬菜、谷物、肉类来补充铁元素。

铁是来自天上的"礼物"

众所周知，在远古时期，人类就开始用铁了。那时，人们不知道地球上本来就含有丰富的铁，他们认为铁只存在于天上掉下来的陨石中。古埃及人把铁称为"天堂的金属"。

27 Co 钴

钴是一种硬而脆的银灰色金属，也是少数几种具有铁磁性的金属之一，加热到大约1150℃时，磁性会消失。钴可用作催化剂，即它能在提高化学反应速率的同时保持自身质量和化学性质不变。

类别：过渡金属

发现年份：1737 年

发现者：瑞典化学家乔治·勃兰特

趣事：在古埃及，钴蓝曾被用来给图坦卡蒙[1]的墓室上色。

①图坦卡蒙是古埃及第十八王朝的法老。

名字的由来

中世纪的某一天，德国的矿工正在炉子里熔炼矿石，突然，炉子里冒出了有毒的烟雾，这让他们都生了病。这起事故让他们受到了不小的惊吓，他们以为自己中了妖精的魔法，于是将这种物质命名为"kobold"，在德语中是地精的意思。后来，"kobold"一词演变成了"Cobalt"，这也是现在国际上通用的钴的外文名。当然，我们不难猜测，那时炉子里冒出的烟雾的主要成分应该是砷与钴的化合物。

钴-60

一般来说，钴并没有放射性，但钴的同位素钴-60能释放出多种射线。钴-60可用于治疗癌症，进行靶向治疗，还可以对医疗设备进行消毒。

钴蓝艺术

早在科学家对钴这种物质深入探究之前，古人就已经发现了钴的艺术潜力。今天，钴蓝仍然是一种广泛使用的颜料，可制作成抗褪色染料、玻璃着色剂等。

钴合金

就像元素周期表上的许多"邻居"一样，钴通常也被制作成合金。钴合金是最坚硬的合金之一，可用于制造钻头、喷气式飞机叶片和其他需要在高温条件下不断裂的东西。

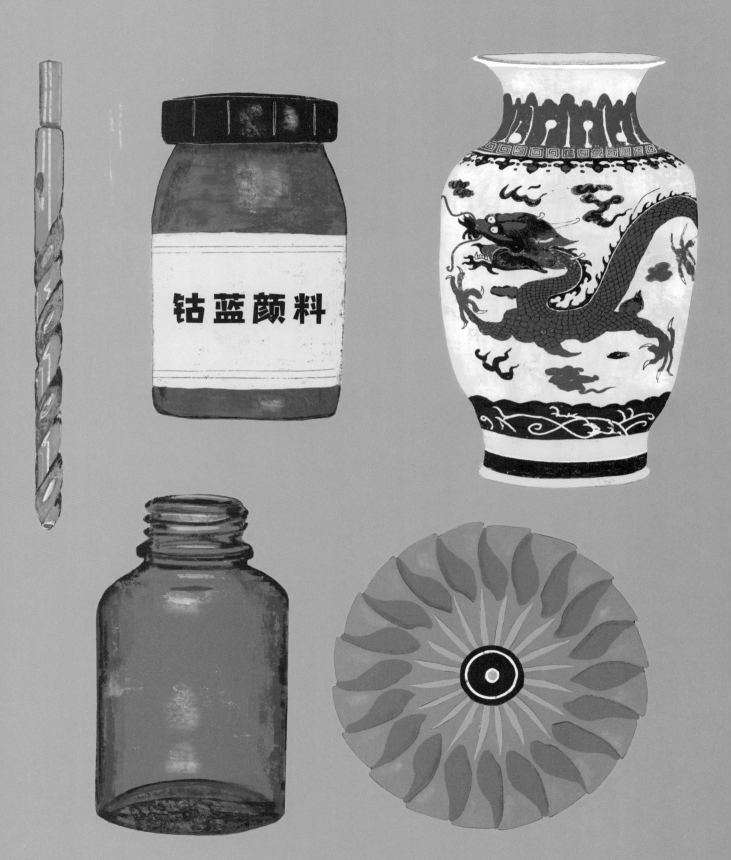
钴蓝颜料

28 Ni 镍

镍是一种坚硬的银白色金属，强度高、耐热、耐腐蚀，具有铁磁性，具有良好的延展能力，能被拉成金属细丝。我们利用镍的这些特性制造出了各种各样的东西，包括汽车、轮船、飞机部件，以及硬币、吉他弦、烤面包机的加热管等。

类别：过渡金属

发现年份：1751 年

发现者：瑞典化学家阿克塞尔·克龙斯泰特

趣事：一种被称为杰斐逊镍币的美国 5 美分硬币实际上是一种铜镍合金。

名字的由来

17 世纪时，人们尝试为镍命名，但那其实是一起乌龙事件。当时德国的矿工认为他们发现了铜矿，但他们没有从中炼出铜来。迷信的矿工们认为是德国神话中的恶魔"尼古拉斯"欺骗了他们，于是他们开始把这种矿石称为"Kupfernickel"，意思是"恶魔之铜"。实际上，他们开采的矿是一种由镍和砷组成的浅棕红色岩石。

常做配角

一般情况下，镍能提高其他金属的品质。镍经常被用作较软金属的保护涂层，使其更耐用。在不太闪亮的金属上镀镍会使其看起来更有光泽。镍与铜形成的合金在海水中不易被腐蚀，因此常被用来制作船上的金属部件。

29 Cu 铜

铜是一种有良好延展性的淡红色金属，导热性和导电性好。铜不是特别活泼，所以它是自然界中为数不多的能以单质形态存在的元素之一。但随着时间的推移，它会与空气中的氧气、二氧化碳和水蒸气等发生反应，形成一层铜绿（主要成分为碱式碳酸铜，碱式碳酸铜呈绿色）。美国纽约的自由女神像使用铜作为外皮，表面就覆盖了一层铜绿。

类别：过渡金属

发现年份：史前

发现者：未知

趣事：地球上的铜储量丰富，世界上已探明的铜已有数亿吨。

铜合金

与铜单质相比，铜合金更加坚固，青铜和黄铜都是十分重要的铜合金。青铜是由铜和锡组成的合金，黄铜是由铜和锌组成的合金。

铜的历史

考古学家在伊拉克发现了一个铜吊坠，其历史可追溯到公元前8700年，这意味着人类使用铜的时间超过了一万年。考古学家在古埃及的一个管道系统中发现了铜管，可以看出，就算时间过去了大约5000年，它仍状态良好！

铜的用途

在所有金属中，铜的导电性仅次于银，因此，铜主要用于制造电缆。铜还具有抗菌性能。铜会破坏细菌的生理功能，导致细菌在与铜接触后的几个小时内死亡。医院门上的铜把手可防止或降低传染病的传播。

铜与人体健康

铜对于生物的生存至关重要。铜与我们体内的蛋白质结合，形成金属蛋白，这种蛋白以酶的形式发挥功能作用。铜可促进结缔组织形成，并促进皮肤黑色素形成。一些肉类、坚果和豆制品可为我们补充铜元素。

30 Zn 锌

锌是一种带有光泽的青白色金属。锌一般不以单质的形式存在，我们可以在许多矿物中发现锌的化合物。

类别：过渡金属
发现年份：未知
发现者：未知
趣事：美国的林肯 1 美分硬币中主要成分为铜和锌。

▲▲▲▲▲▲▲▲▲▲▲▲▲▲▲▲▲▲

锌与人体健康

人体必须摄入一定量的锌。我们依赖锌调控我们的消化、免疫和生育等。肉类、奶酪和枫糖浆等可为人体补充锌。

锌的用途

锌和氧可发生反应生成氧化锌，这是一种白色粉末，可用在去屑洗发水、除臭剂、化妆品和治疗皮肤病的药膏中。氧化锌能屏蔽紫外线，可以用在防晒霜中。在橡胶中添加锌能使其更坚韧。给一些金属镀锌，可以防腐蚀。

31 Ga 镓

镓是一种银白色、质软的金属，熔点约为30℃，这意味着如果你将金属镓握在手中，它将由固态变为液态。不过，如果你这样做的话，液态的金属镓会将你的皮肤染成棕色。

▲▲▲▲▲▲▲▲▲▲▲▲▲▲▲

名字的由来

保罗－埃米尔·勒科克·德·布瓦博德朗（Paul-Émile Lecoq de Boisbaudran）是第一个从锌矿石中分离出镓的人，他将其命名为"Gallia"，是以他的祖国法国命名的，因为在拉丁语中，"法国"一词为"Gallia"。然而，一些历史学家认为他偷偷地用自己的名字命名了这个元素。因为"le Coq"在法语中是公鸡的意思，转换为拉丁语，即为"gallus"。

类别：其他元素

发现年份：1875 年

发现者：法国化学家保罗－埃米尔·勒科克·德·布瓦博德朗

趣事：固态镓可以漂浮在液态镓之上（就像冰可以在水上漂浮一样），因为液态镓比固态镓的密度大。

镓的用途

镓在 30℃ 左右能熔化，它的沸点大约为 2519℃，在这个温度区间内，金属镓都是液态。镓是液体状态下温度跨度最大的金属之一，因此，镓常被用于制造测量熔融金属温度的高温温度计。镓还可用在发光二极管、蓝光激光器、宇宙飞船的太阳能电池板和半导体晶体中。镓半导体比传统的硅半导体更高效，在电子器件和手机中非常有用。

32 Ge 锗

德国是锗的发现者克莱门斯·温克勒的出生地，于是便以"德国"（Germany）作为锗的命名来源。锗是一种稀有的银白色金属，在自然界中几乎不以单质的形式存在。在提炼锌和铜时，锗常会被顺带提炼出来。

▲▲▲▲ ▲▲ ▲▲ ▲

光控大师

掺有二氧化锗的玻璃折射率非常高，这种能力很酷，拥有这种镜头的相机能拍摄广角照片。锗甚至有一种独特的超能力：虽然可见光和紫外线不能穿过它，但红外线却能穿过它，这使得锗非常适合制造光纤。

类别：其他元素

发现年份：1886 年

发现者：德国化学家克莱门斯·温克勒

趣事：锗是为数不多的从液体变成固体时体积会膨胀的金属之一。

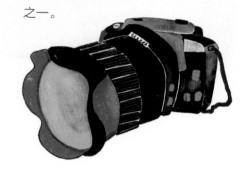

33 As 砷

砷有毒，这是毋庸置疑的，但是几百年来，从装饰到药用，人们一直在尝试这种元素的创造性应用。如今，砷的化合物常被用作毒鼠药和杀虫剂。

▲▲▲▲ ▲▲ ▲▲ ▲

砷与绿色染料

在人们了解砷的危害之前，砷曾被用来制造一种亮丽的绿色染料，人们称这种染料为"巴黎绿"。19 世纪时，受设计师威廉·莫里斯影响，用这种绿色染料制作的墙纸变得极为普及。然而不幸的是，当这种绿色墙纸长期处于潮湿的环境中时，会产生有毒气体，使住在房间里的人生病或死亡。

类别：其他元素

发现年份：未知

发现者：未知

趣事：拿破仑·波拿巴的死因扑朔迷离，据传，他在 1821 年去世时体内的砷含量是正常水平的 100 倍。

34 Se 硒

硒（Selenium）是以古希腊神话中的月亮女神塞勒涅（Selēnē）的名字命名的。在自然界中，硒很少以单质形态存在。为了保持身体健康，我们需要摄入微量的硒。

▲ ▲ ▲ ▲ ▲ ▲ ▲ ▲ ▲ ▲ ▲ ▲ ▲

类别：其他元素

发现年份：1817 年

发现者：瑞典化学家约恩斯·雅各布·贝尔塞柳斯

趣事：含硒的食物有豆腐、花生、鹌鹑蛋、虾等。

硒与健康

硒是人和动物都需要的一种重要元素，但摄入过多会引起中毒。适量的硒可以保证人的甲状腺功能正常，并具有抗氧化的功能，能保护肝脏，加速病体康复，但人体内硒过量会导致口臭、脱发、恶心，奶牛体内硒过量会导致奶牛发疯，茫然地盯着一个地方或失去方向感。

硒的用途

硒既可用于玻璃去色，也可用于制造有色玻璃。硒在一些光敏设备中很有用，因此常用于制作计算器中的太阳能电池，以及照相机和复印机的测光表。

35 Br 溴

液态溴为深红棕色，具有挥发性。当加热到95℃时，液态溴会变成有毒的烟雾状气体，有刺激性气味。实际上，溴（Bromine）的命名来源是希腊语中的"臭味熏天"一词。

类别：卤族元素
发现年份：1826 年
发现者：法国化学家安托万－热罗姆·巴拉尔
趣事：溴对地球的臭氧层具有破坏性。未来，南极洲上方的臭氧层空洞或许会持续扩大。

可消毒的溴

溴的一个常见用途是作为游泳池的消毒剂。如果你跳进一个用溴消毒过的池子里，你可能会被你嘴里咸咸的味道弄糊涂，因为那不是熟悉的氯消毒剂的味道。在热水浴池里，溴比氯更有效，因为它在温暖的环境中比氯更稳定。

溴能阻燃

许多国家或地区的法律规定睡衣必须是阻燃的，而许多阻燃剂中都含有溴，因为溴系阻燃剂可分解产生氢溴酸，氢溴酸的阻燃效果很好。

骨螺紫

古罗马人发现地中海的一种骨螺分泌的黏液与空气接触就会变成紫色，可以为长袍上色。后来人们发现，这种黏液中有溴元素。

36 Kr 氪

在希腊语中，氪的意思是"隐藏的气体"。氪气无色、无臭，与其他元素几乎不发生反应，是一种默默无闻的"惰性气体"。氪气是地球大气中最稀有的气体之一，其在地球大气中的含量（体积分数）仅约百万分之一。

类别：稀有气体

发现年份：1898 年

发现者：英国化学家威廉·拉姆齐和莫里斯·特拉弗斯

趣事：美国 DC 漫画里的超级英雄——超人的故乡氪星和使他失去了超能力的发光绿色氪石与现实中的氪元素几乎没有任何联系，很可能只是作者创作的时候想寻找一个听起来很酷的词，所以用了氪元素的名字。

你照亮了我的人生

和其他稀有气体一样，氪气在通电时会发光，而且发出的光十分明亮，适于制造照相机闪光灯、频闪灯。

37 Rb 铷

铷的外文名为"Rubidium"，看到这样的名字，你可能会认为它是红宝石色（ruby red）的，但金属铷其实是银白色的。铷的命名来源是拉丁语中的"深红"一词，因为它的光谱中有明显的红线。和同一族的其他金属一样，铷与空气或水接触时会发生剧烈反应。铷很活泼，科学家们必须小心地将它储存在液体石蜡中或密封在充满惰性气体的玻璃安瓿瓶中。如果你去自然界寻找铷，你可能会感到失望：它是一种稀有元素，在矿物中含量很少。

类别：碱金属

发现年份：1861 年

发现者：德国化学家罗伯特·威廉·本生和德国物理学家古斯塔夫·罗伯特·基希霍夫

趣事：在烟花中加入铷可呈现出紫红色。

铷的用途

铷的主要用途是在真空管（控制电流的玻璃管）中做"吸气剂"，铷能从真空管中除去微量气体。铷原子对光很敏感，所以它可被用在将光能转换成电能的光电元件中。

铷在光的作用下易放出电子，适于制作光电池和真空管，也可用来制作特种玻璃。

38 Sr 锶

当银白色的金属锶与空气接触时，表面会变成黄色，看起来有点像黄金。因为单质锶很活泼，容易与其他物质发生反应，所以锶的化合物经常出现在各种矿物中。

危险的锶-90

自然界中，锶-84、锶-86、锶-87、锶-88 是相对稳定的，但锶-90 具有放射性，它是铀-235 的裂变产物之一。锶-90 会发出有害射线，对人体健康有危害，属 1 类致癌物。

锶的应用

锶的化合物用途很多。铝酸锶能制成在黑暗中发光的荧光颜料。碳酸锶可以让火焰呈红色。

类别：碱土金属

发现年份：1808 年

发现者：英国化学家汉弗莱·戴维

趣事：许多抗敏感牙膏中含有氯化锶，它可在牙齿敏感部位形成一层保护屏障。

天青石

天青石中含有硫酸锶。

39 Y 钇

钇的光泽与银类似。尽管金属钇在空气中比较稳定，但人们很难在自然界中发现钇。如果温度超过 400℃，金属钇就会在空气中燃烧。

钇的应用

钇铝石榴石在激光技术中起着重要作用，还是新型磁性材料。钇-90 在治疗癌症领域效果显著。氧化钇可制成特种玻璃。

类别：过渡金属

发现年份：1794 年

发现者：芬兰化学家约翰·加多林

趣事：钇是第一个被发现的稀土元素。

40 Zr 锆

锆的外文名为"Zirconium"，据说，其命名来源是古波斯语中的"zargun"，意思是"像黄金一样的"。单质锆是银灰色的。

类别：过渡金属

发现年份：1789 年

发现者：德国化学家马丁·海因里希·克拉普罗特

趣事：澳大利亚的锆矿储量丰富，产量约占世界市场的七成。

像钻石一样闪耀

锆石制成的"假钻石"可以达到以假乱真的程度，锆石也因此闻名。当光线进入锆石时，会在内部发生多次折射与反射，所以才会看起来闪闪发光。

坚韧的二氧化锆

二氧化锆是一种高级耐火材料，可作为陶瓷釉用原料。事实上，这种化合物的熔点约为 2700℃！二氧化锆常用来制造坚固的东西，比如人造牙冠、高尔夫球杆、宇宙飞船和喷气发动机的涡轮叶片等。

不易吸收中子

锆不易吸收中子，且在高温下耐腐蚀，这使其在核工业中得到了广泛应用。

41 Nb 铌

铌是一种钢灰色金属，具有一些很实用的功能。首先，铌在高温下不易膨胀，因此我们将它用在喷气发动机、燃气轮机和火箭的零件中。铌具有耐腐蚀性能，可用于制造植入体内的心脏起搏器、接触人体的外科手术器械和珠宝等。

类别：过渡金属
发现年份：1801 年
发现者：英国化学家查尔斯·哈切特
趣事：低温下，铌具有极好的超导特性，可在核磁共振成像仪和质谱仪中用作超导磁体。

发现铌的故事

查尔斯·哈切特被一个标为"columbite"的矿物样本激起了兴趣。首先，他将碳酸钾和样本混合在一起并对其进行加热，然后把反应后的混合物溶解在水中，接着他在水溶液中加入酸，最后得到了一堆沉淀物。这些沉淀物引起了他的兴趣，他认为自己可能发现了一种新的元素，于是将其命名为"columbium"，但科学家们对此持怀疑态度。1844 年，德国化学家海因里希·罗斯最终证明了这类样本中同时含有钽和铌两种元素。

42 Mo 钼

钼的外文名为"Molybdenum",简直又长又拗口,但这个发音困难的元素有许多实际用途。钼得名于希腊语单词"molybdos",意思是"铅"。矿工们曾经把这种黑色矿物误认为铅,但钼比铅硬得多。

钼的应用

金属钼可承受高温,它表面光滑且质量较轻。钼与其他金属形成的合金可应用在自行车车架、汽车、飞机和火箭上。金属钼磨成细粉并与油混合,可产生一种润滑剂,这种润滑剂常应用于需要快速移动的机械的发动机部件中。

类别:过渡金属

发现年份:1781 年

发现者:瑞典化学家彼得·雅各布·耶尔姆

趣事:在苏联的露娜月球探测项目中,月球 24 号收集到了钼样本。

钼与健康

钼是人体必需的元素。它对人体的新陈代谢有重要影响,还有明显的防龋齿作用。我们可以多吃蔬菜补充钼。

43 Tc 锝

第一种人造元素

锝之所以声名远扬,重要原因在于它是科学家人工制造的第一种元素。锝(Technetium)甚至是以希腊语中的"人造"一词命名的。锝的每一种同位素都非常不稳定,而且在地球上极其稀有。

神奇的锝 - 99

锝 - 99 产额高、寿命长,在生态系统中有较大的迁移性,可应用于医学成像领域,还可作为超导材料与防腐剂。

类别:过渡金属

发现年份:1939 年

发现者:意大利裔美国物理学家埃米利奥·塞格雷和意大利化学家卡洛·佩里耶

44 Ru 钌

钌是地球上最稀有的金属之一，是久负盛名的铂族金属[1]中的一员。铂族金属很罕见，用途也很广。金属钌非常有价值，具有很强的耐腐蚀性。

①铂族金属包含钌、铑、钯、锇、铱、铂这六种元素。

类别：过渡金属

发现年份：1844 年

发现者：俄国化学家卡尔·卡尔洛维奇·克劳斯

趣事：钌光敏剂具有良好的吸光性，常应用于太阳能电池中。

钌的用途

钌坚硬、美丽，常用于珠宝制作中，如作为铂、金等的添加剂，使其更耐用。钌还可应用于电阻材料、催化剂、各类合金中。派克 51 钢笔的笔尖使用的就是钌铱合金。

催化转化器如何工作

催化转化器是汽车排气系统的一部分，可将车辆排放的有害气体转化为对人体无害的气体。钌、铂、钯、铑在催化转化器中充当催化剂。

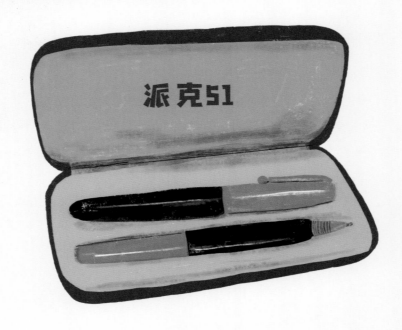

派克51

元素收藏家：奥利弗·萨克斯

你知道有人的爱好是收集元素周期表中的元素吗？许多元素收藏家在寻找这些元素的挑战过程中都十分享受，就像寻宝一样。著名的神经学家兼作家奥利弗·萨克斯就是一位著名的元素收藏家。

萨克斯还是一个小男孩时，就被化学元素迷住了，他在《钨叔叔》（*Uncle Tungsten*）一书中讲述了他的痴迷程度。到七十多岁时，他更是痴迷到了极致。他的家就是参照元素周期表来装修的，靠垫和床垫上都有元素周期表！

最棒的是，他的起居室里有一个木箱子，里面装着九十多个小玻璃瓶，每个小玻璃瓶里都装着一种元素，按照元素周期表的顺序排列于木箱子内。他的朋友们热衷于把收藏的元素作为生日礼物送给他，他就这样坚持了好多年。

萨克斯把这些元素看作他的朋友。他喜欢这些组成宇宙的元素。他认为，正是因为元素是有序的，所以也让宇宙变得有序。在他收藏的这九十多种元素中，有一些是他拿在手里也很安全的，有一些是有危险性的，还有一些元素与其他元素一接触就会发生爆炸，这真是让人感到既刺激又害怕。

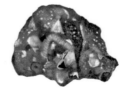

45 Rh 铑

像贵金属①中的其他"兄弟姐妹"一样，铑也具有坚硬、耐腐蚀等特点。铑非常稀有。事实上，铑的稀有程度远超黄金。铑不溶于多数酸，稍溶于王水。

①贵金属指金、银、钌、铑、钯、锇、铱、铂这八种元素。

类别：过渡金属

发现年份：1803 年

发现者：英国化学家威廉·海德·沃拉斯顿

趣事：《吉尼斯世界纪录大全》的相关负责人向歌手、词曲作者、前披头士乐队成员保罗·麦卡特尼赠送了一张镀铑唱片，并将其评选为"流行音乐史上最成功的作曲家"。

甘当绿叶

你可能会想，既然铑稀有、美丽、"坚强"，为什么它不如金或铂出名？答案是铑太稀有、太昂贵了，几乎不能单独使用，通常是与它的"兄弟"——金属铂和钯——制成合金使用。

铑的用途

铑很少用来制作珠宝首饰，常和铂、钯一起应用于催化转化器中，是催化剂的关键成分。铑还可用于制作汽车前照灯反射镜涂层。

催化转化器中的关键元素

　　汽车能让我们快速高效地从一个地方移动到另一个地方，但是，汽车尾气包含碳氢化合物、一氧化碳和氮氧化物等，这些物质会造成很大的危害。幸运的是，现在各种汽车上都安装了一种叫作催化转化器的污染减排装置，而铑、铂、钯等元素是维持催化转化器正常工作的关键。

催化转化器

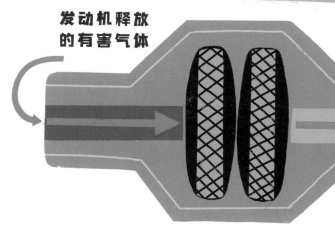

发动机释放的有害气体

通过氧化还原反应，将有害气体转化成无害的水、二氧化碳、氮气等，其中，铑、铂、钯等元素起到了重要的催化作用

气体有害性减少，通过排气管排出

46 Pd 钯

与贵金属中的铑元素一样，钯也是十分稀有、有价值的，稀有程度超过黄金。钯有良好的延展性和可塑性。

类别：过渡金属

发现年份：1803 年

发现者：英国化学家威廉·海德·沃拉斯顿

趣事：像黄金一样，钯可以被敲打成厚度 1 微米左右的钯箔。

钯的用途

钯非常适合制成贵重珠宝，因为它十分稀有，而且延展性好，不易褪色。钯与黄金制成的合金非常受欢迎。除此之外，钯还是航天、航空等高科技领域以及汽车制造业不可缺少的关键材料。

让氢气隐身

钯有一个令人难以置信的特性——吸收氢气的能力非常强。常温下，1 体积钯可以吸收约 900 体积的氢气，而这些气体可以就这样存储在这块固体金属中。吸收氢气后的钯体积增加，密度减少，导电性、抗拉性也随之降低。加热后，吸收的氢气会释出。如果钯不是那么稀有和昂贵，那它将是储存氢的最好、最有效的物质。

47 Ag 银

人们在大约公元前 3000 年就开始开采银矿了。至少在 2000 年前,人们就十分珍视银币、银餐具、银首饰和其他银质装饰品了。银是过渡金属中最不易发生化学反应的几种元素之一,但仍需要定期抛光或施以保护性涂层来保持光泽。银对可见光和红外线的反射率是所有金属中最高的,因而成为制作镜子的理想选择。银的导热、导电性非常好,但是因为提炼银的成本很高,所以许多电线内是铜丝而不是银丝。

类别:过渡金属
发现年份:未知
发现者:未知
趣事:1 克银就可以拉伸成长约 1800 米的金属细丝!

银质餐具

以前,人们常用银制作餐具,因为它在口腔中留下的金属味比其他金属要少,但纯银餐具太软了,后来人们开始在银中添加铜。现在的餐具很多是用不锈钢制成的,这样更经济且不易变色。

消毒

和铜一样,银离子也有消灭细菌、病毒的作用。消毒剂和抗菌肥皂中常有硝酸银存在。有的袜子里织有银线,可以杀死导致脚臭的微生物。

48 Cd 镉

镉是一种延展性较好的银白色金属，有毒。与汞和铅一样，它可以在人体和自然环境中积累，对人体健康和自然生态造成破坏。镉对人类的一大贡献是用于制作镍镉电池。镍镉电池是可充电的，十分经济、耐用，不过我们现在已制造出更强大、毒性更小的可充电电池了。

▲▲▲▲▲▲▲▲▲▲▲▲▲▲▲▲▲

痛痛病

身体持续吸收镉会使骨骼中的钙流失，导致骨骼变脆、关节疼痛。20 世纪早期，日本富山县的人开始生一种怪病，当地人把这种病称为"痛痛病"，主要表现为腰、手、脚等处关节疼痛，后来才发现是该地区镉盐超标，种出的水稻带有毒性。

类别：过渡金属

发现年份：1817 年

发现者：德国化学家弗里德里希·施特罗迈尔

趣事：克劳德·莫奈喜欢用鲜艳的镉黄颜料画画。电视绘画大师罗伯特·诺曼·鲁斯[1]也是镉黄颜料的粉丝，他会把镉黄涂抹在他的作品"快乐树"上。但由于镉有毒，现在，艺术家已不再使用镉黄颜料了。

[1]罗伯特·诺曼·鲁斯（1942—1995），艺名鲍伯·鲁斯，美国画家、艺术指导与电视节目主持人。鲁斯在著名的电视节目《欢乐画室》中担任即席教学画家兼主持人。

镉黄

49 In 铟

纯净的金属铟非常柔软，可以用小刀切割，但是当它与其他金属形成合金时，就会变得坚硬。

类别：其他元素

发现年份：1863 年

发现者：德国化学家费迪南德·赖希和希罗尼穆斯·里希特

趣事：世界上约 90% 的铟产自铅锌冶炼厂。

▲▲▲▲▲▲▲▲▲▲▲▲▲▲▲▲▲▲▲▲▲

魔力触摸

20 世纪初，即在铟被发现后的最初一段时间，由于缺乏实际用途，全世界的铟产量非常少。如今，每年全世界精炼的金属铟达到了数百吨。因为铟的光渗透性和导电性强，所以大多数金属铟都用来生产氧化铟锡（ITO）靶材。ITO 生产技术是液晶显示器背后的关键技术，也是手机触摸屏技术的关键部分。一些科学家估计，从目前人们对铟的消耗速度来看，未来几十年，铟可能会被我们耗尽，因此回收铟的工作变得至关重要。

50 Sn 锡

锡是人类使用最早的金属之一。大约 5000 年前，人类就开始在铜中加入锡或铅，制造出强度更高的合金——青铜。如今，锡常用于制造坚韧的金属合金。另外，你还会发现，锡常被镀在其他金属上，这样可以防止这些金属生锈。

类别：其他元素

发现年份：未知

发现者：未知

趣事：锡在玻璃、塑料、油漆制造中都应用广泛。

"怕冷"的锡

在寒冷的环境中，锡会随着时间的推移逐渐变成深灰色粉末。这种转变不是化学反应，而是锡的晶体结构发生了变化。据传拿破仑军队在俄国时，其军服上的锡制纽扣在寒冷的环境中变成了粉末，士兵们扣不上外套的扣子，结果出现了体温过低的情况，导致大批士兵被冻死。

51 Sb 锑

锑（Antimony）的命名来源是希腊语中的"anti-monos"，意思是"不孤单"。事实上，这种元素在自然界中几乎不以单质形式存在，而总是以化合物的形式存在。锑大部分产自辉锑矿，这也是锑的元素符号定为 Sb 的原因①。

> ①辉锑矿的英文单词为"stibnite"。

类别：其他元素
发现年份：未知
发现者：未知
趣事：古埃及人独特的深色眼妆颜料的主要成分就是三硫化二锑。

锑铅锡活字

锑与铅、锡结合，可以形成一种合金，这种合金非常适合制作成活字印刷需要的模具。这种"铅活字印刷"在 15 世纪由谷登堡创制①。

> ①中国的毕昇发明了泥活字，标志着活字印刷术的诞生。他的发明比谷登堡的铅活字印刷术大约早了 400 年。

毒药

尽管锑有毒性，但它在医学上的使用有着悠久的历史，通常是作为催吐剂。以前的人们错误地认为催吐可以净化身体并除去疾病。有些人认为，使用锑疗法可能是作曲家莫扎特的死因。

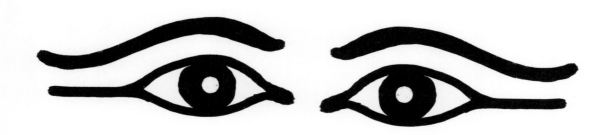

52 Te 碲

碲十分稀有，提炼铜和铅时，碲会作为副产物被提炼出来。

碲的应用

从光纤电缆到可以用激光写入信息的光盘，碲广泛应用于各个技术领域。碲在太阳能发电技术中也起着关键作用，镉与碲合成的结晶物质是太阳能电池理想的半导体材料。

类别：其他元素
发现年份：1782 年
发现者：奥地利矿物学家弗朗茨·冯·赖兴施泰因
趣事：碲有一定的毒性，会让人感到恶心、头痛、口渴、心悸。人体就算只吸入极低浓度的碲，呼出的气体和汗液中也会带有一种令人不愉快的大蒜气味。

53 I 碘

单质碘在室温下为固体，易升华，气态碘遇冷易凝华。固态碘呈紫灰色，气态碘呈紫蓝色。碘的外文名"Iodine"来源于希腊语中的"紫罗兰色"一词。

类别：卤族元素
发现年份：1811 年
发现者：法国化学家贝尔纳·库尔图瓦
趣事：碘有"智力元素"之称。

碘与健康

碘对人体的健康至关重要，具有调节体温、激素水平等多种功能。碘的摄入要适量。碘摄入过多会引起甲状腺调节功能紊乱，让人烦躁不安、体重减轻、注意力不集中。体内缺乏碘又会导致甲状腺激素分泌不足，会让人疲劳、经常感到寒冷、体重增加、皮肤干燥等。

碘与医疗

碘具有消毒功能，可用来净化水或制成抗菌剂。它是手术前涂在患者身上的棕黄色碘酊的主要成分。放射性碘疗法有助于治疗甲状腺癌。

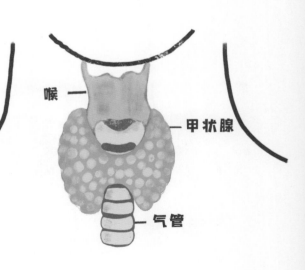

喉　　甲状腺　　气管

54 Xe 氙

虽然氙气在地球大气中并不常见，是一种稀有气体，但你可能每天都会看到它，因为它在照明技术中应用广泛。充满氙气的灯具十分明亮，透雾能力强，非常适合用作汽车的前灯。

类别：稀有气体

发现年份：1898 年

发现者：英国化学家威廉·拉姆齐和莫里斯·特拉弗斯

趣事：木星大气层中的氙气含量比地球大气层中的多得多。

别当"陌生人"

氙的外文名"Xenon"在希腊语中是"陌生人"的意思。氙气曾经被认为与其他惰性气体一样默默无闻，但后来一些科学家发现，氙可与一些元素——例如氧、氟——形成化合物。

木星

氙气麻醉剂

氙气是一种深度麻醉剂，几乎没有副作用。由于价格昂贵，氙气未被普遍用作麻醉剂。氙的同位素还可用于测量脑血流量、计算胰岛素分泌量等。

55Cs 铯

铯的化学性质比铷更活泼，一接触水就会发生爆炸。实验室多将铯储存在密封的玻璃安瓿瓶中，还会抽掉空气，以防止其自燃。在地球上，铯是稀有金属，多数是从铯沸石矿中提取的。

类别：碱金属

发现年份：1860 年

发现者：德国物理学家古斯塔夫·罗伯特·基希霍夫和德国化学家罗伯特·威廉·本生

趣事：铯的外文名"Cesium"来源于拉丁语中的"caesius"，意为"天蓝色"，因为铯有蓝色的光谱线。

铯原子钟

尽管铯很容易爆炸，但它的主要用途却与稳定、节奏有关。铯原子钟的误差每天可控制在十亿分之一秒以内。原子钟可向世界各地发送信号，使互联网、卫星导航系统的时间标准化。

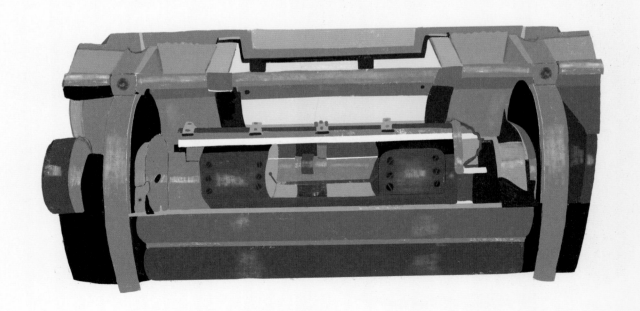

56 Ba 钡

钡的外文名"Barium"在希腊语中是"重"的意思，实际上它并不致密，甚至比以轻著称的钛的密度还小。不过，钡的化合物通常相当致密，而且要承担很多"繁重"的工作。

类别：碱土金属

发现年份：1808 年

发现者：英国化学家汉弗莱·戴维

趣事：富含钡的重晶石具有荧光效应，在紫外线照射下会发光。

难以吞咽，容易看见

钡的常见用途是制作成患者饮用的硫酸钡悬浊液，俗称钡餐，方便医生检查患者的消化道。这种方式几乎无毒无害，因为硫酸钡不溶于水和脂质。另外，硫酸钡对油井开采也有好处，作为深井的遮盖物，硫酸钡可以减轻地下压力，降低钻井时的阻力，提高钻孔效率和成功率。

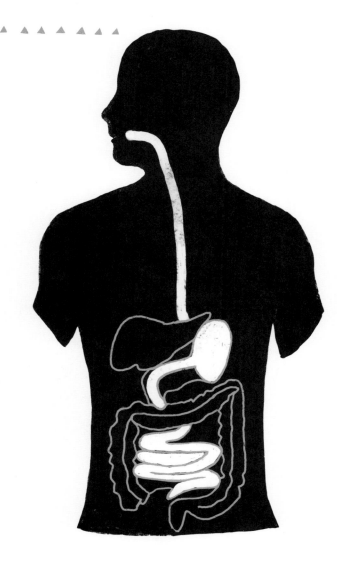

57 La 镧

镧是一种银白色的柔软金属。纯净的金属镧没有多少用途，但与其他金属形成合金后，用途就有很多了。镧镍合金具有可逆吸收氢的功能，适合作为储氢材料。此外，氧化镧还可用于制造精密透镜。

类别：过渡金属

发现年份：1839 年

发现者：瑞典化学家卡尔·古斯塔夫·莫桑德

趣事：19 世纪末，悬挂在各大企业外面的那些绿色发光灯中一般都有镧。

58 Ce 铈

铈是镧系元素中的第二种元素，和铜一样常见。粉末状的铈易自燃，这意味着当你研磨它时，溅出来的碎屑会着火，这使得它成为打火石的常用成分。铈可作为催化转化器中的净化催化剂，减少释放到大气中的有害气体。

类别：过渡金属

发现年份：1803 年

发现者：瑞典化学家约恩斯·雅各布·贝尔塞柳斯，德国化学家马丁·海因里希·克拉普罗特

趣事：铈（Cerium）的命名来源是矮行星谷神星（Ceres），谷神星的发现比铈元素的发现早两年。

59 Pr 镨

镨是一种柔软、有延展性的银灰色金属。它的外文名是"Praseodymium"，在希腊语中，"prasios"是"绿色的"的意思，"didymos"是"成对的"的意思，之所以这样命名，可能是因为镨与空气接触时会形成绿色薄层。镨是从钕镨混合物中提取出来的。科学家们最初认为这种混合物是一种单一元素，卡尔·奥尔·冯·韦尔斯巴赫在 1885 年证实了其中含有两种元素。

保护眼睛

镨和钕常被用在焊工护目镜中，这种护目镜可以保护焊工的眼睛，让其不被强光直射。

类别：过渡金属

发现年份：1885 年

发现者：奥地利科学家卡尔·奥尔·冯·韦尔斯巴赫

趣事：一些掺入镨的合金是极好的永磁材料，它们常被用在磁力制冷机中。

60 Nd 钕

钕是镨的"双胞胎"，外文名是"Neodymium"，在希腊语中是"新双胞胎"的意思。它在高功率磁体中应用广泛。1982 年，科学家发明了钕铁硼磁体，其磁力足够大，可以吸起自身重量上百倍的东西！钕、铁、硼这三种元素的结合使它们能够存储巨大的磁能，同时保持抗退磁能力。这种磁铁可以应用在很多物件中，尤其是那些需要坚固且轻巧的磁铁的东西，例如笔记本电脑、手机、耳机、手持式电钻和风力涡轮机等。混合动力汽车和电动汽车也会用到钕铁硼磁体。

类别：过渡金属

发现年份：1885 年

发现者：奥地利科学家卡尔·奥尔·冯·韦尔斯巴赫

趣事：两块钕铁硼磁体之间的吸引力非常大，如果将它们放得足够近，它们会发生碰撞并碎裂。

61 Pm 钷

钷是最稀有的镧系元素之一。现在地球上只有极少量的钷，那是由其他放射性元素衰变形成的。钷的外文名是"Promethium"，这个名称的来源是古希腊神话中的普罗米修斯（Prometheus），传说普罗米修斯从天上盗取了火种。钷可用在针尖大小的原子电池中，为起搏器、导弹和无线电提供动力。钷现在主要在核反应堆中由人工制得，除研究外，其他用途相对较少。

类别：过渡金属
发现年份：1947 年
发现者：美国科学家雅各布·A. 马林茨基、劳伦斯·E. 格伦迪宁和查尔斯·D. 科里尔
趣事：钷的无机盐在黑暗中发出蓝色或绿色的光，可制作成夜光粉。

62 Sm 钐

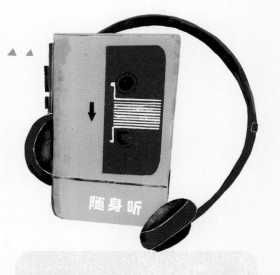

钐的外文名是"Samarium"，命名来源是铌钇矿（samarskite），它最初是从这种矿物中提取出来的。纯净的金属钐为银白色，有光泽，可与钴形成合金。钐钴合金可制成奇妙的永磁铁，是最强力的磁铁之一，在高温下仍然能保持磁性，应用于高档话筒、助听器等电声器件中。

类别：过渡金属
发现年份：1879 年
发现者：法国化学家保罗 - 埃米尔·勒科克·德·布瓦博德朗
趣事：第一台紧凑型盒式录音机的耳机使用的就是钐钴磁铁。

63 Eu 铕

铕是一种银白色的柔软金属。与钪一样，铕也是以地名命名的，其外文名为"Europium"，和英文中的"欧洲"（Europe）一词很像。选择用这个名字命名铕有点奇怪，因为世界上大部分的铕产自中国和美国。

类别：过渡金属

发现年份：1896 年

发现者：法国化学家欧仁－阿纳托尔·德马尔塞

趣事：铕在空气中极易氧化，可以保存在氩气中。

▲▲▲▲▲▲▲▲▲▲▲▲▲▲▲

独特的光彩

铕很稀有，年产仅数百吨。三价铕能用作红色荧光粉的激活剂，二价铕可用作蓝色荧光粉的激活剂。一种叫作氧化铕的化合物已广泛应用于各种钞票中，在紫外光下，这种化合物会发出红光，从而让人们区分出真钞和假钞。

64 Gd 钆

钆是一种有延展性的银白色金属，在室温下有很强的磁热效应，但磁性会随着温度变化产生相应变化。钆的络合物可用在核磁共振诊断治疗中。

类别：过渡金属

发现年份：1880 年

发现者：瑞士化学家让－夏尔·德·马里尼亚克

趣事：钆会产生磁热效应，这意味着当它被放置在磁场中时，它的温度会升高，当它离开磁场时，它的温度会下降。

65 Tb 铽

铽呈银灰色，具有延展性。和铕一样，铽也可作为荧光粉的激活剂。铽可与钕、镝形成合金，应用于混合动力汽车和风力涡轮机的磁铁中。

类别：过渡金属

发现年份：1843 年

发现者：瑞典化学家卡尔·古斯塔夫·莫桑德

趣事：铽的放射性同位素铽－149 可针对癌症进行靶向治疗。

66 Dy 镝

为了获得金属镝，保罗－埃米尔·勒科克·德·布瓦博德朗付出了惊人的努力。由于这个过程过于艰难，他用希腊语单词"dys-prositos"命名了该元素，意思是"很难得到"。直到 1950 年左右，科学家们才能够分离出更为纯净的金属镝。

类别：过渡金属

发现年份：1886 年

发现者：法国化学家保罗－埃米尔·勒科克·德·布瓦博德朗

趣事：一种被称为"Terfe-nol-D"的镝合金很神奇，当它暴露在磁场中时，长度和体积会发生变化。

67 Ho 钬

钬的外文名为"Holmium"，命名来源是瑞典城市斯德哥尔摩（拉丁语为 Holmia）。它之所以与众不同，是因为它是已知元素中磁矩最大的元素之一。因此，钬可用于制作磁铁的极片。

类别：过渡金属

发现年份：1879 年

发现者：瑞典化学家佩尔·特奥多尔·克莱韦

趣事：氧化钬可以用来给玻璃和立方氧化锆增加红色或黄色色调。

68 Er 铒

铒是柔软的银白色金属，在自然界中几乎无法以单质形式存在。单质铒能与氧和水发生反应（尽管很缓慢）。铒可以帮我们连接世界：铒最突出的用途是制造掺铒光纤放大器，如果没有铒，远距离传输数据将变得十分困难，因为铒能补偿通信系统中的光损耗。

类别：过渡金属

发现年份：1843 年

发现者：瑞典化学家卡尔·古斯塔夫·莫桑德

趣事：铒（Erbium）的命名来源是瑞典的伊特比村（Ytterby）。

69 Tm 铥

铥是柔软的银白色金属。请不要因为铥的外文名"Thulium"与铊的外文名"Thallium"类似而把二者弄混了。铥是地球上含量最稀有的元素之一。它常常被认为没有多少实际用途。不过，这并不意味着铥没有任何贡献。铥是外科医生切除受损组织时所用的激光器的组成部分。铥的一种放射性同位素能发射 X 射线，可用在便携式 X 射线机中。

类别：过渡金属

发现年份：1879 年

发现者：瑞典化学家佩尔·特奥多尔·克莱韦

趣事：铥 –170 在癌症治疗方面的应用已日益广泛。

70 Yb 镱

镱是柔软的银白色金属。作为一种"不起眼"的金属，镱承担了一些重要的工作。镱是一些原子钟的组成部分，这些原子钟非常精确，甚至可以测量重力引起的时间变慢！将镱添加到钢中，可使其更加坚固。此外，镱还可应用于激光器和 X 射线机中。

类别：过渡金属

发现年份：1878 年

发现者：瑞士化学家让－夏尔·德·马里尼亚克

趣事：镱在高压力环境中也能良好地工作，可用在地下计量器中。

71 Lu 镥

镥是所有稀土元素中最坚硬、密度最高的元素。尽管镥具有"很酷"的特性，但由于它很稀有，所以实际用途不多，主要用于研究工作。

类别：过渡金属

发现年份：1907 年

发现者：法国化学家乔治·于尔班

趣事：镥曾经是元素周期表上最昂贵的元素之一。科学家们现在发现了更有效的提取方法，所以镥的价格已经下降许多。

72 Hf 铪

铪被发现得很晚，因为它在自然界中常与锆伴生，很难分离出来。铪是较理想的中子吸收体，可做原子反应堆的控制棒和保护装置。铪耐热、耐腐蚀，可用在等离子焊接和微芯片中。

▲▲▲▲▲▲▲▲▲▲▲

类别：过渡金属

发现年份：1923 年

发现者：匈牙利化学家乔治·德·海韦西和荷兰物理学家迪尔克·科斯特

趣事：铪是在哥本哈根发现的，其外文名"Hafnium"的命名来源是拉丁语中的哥本哈根（Hafnia）一词。

73 Ta 钽

钽是一种灰黑色金属，主要存在于钽铁矿中，与铌共生，很难被分离出来。它的外文名"Tantalum"的命名来源是希腊国王坦塔罗斯（Tantalus）。坦塔罗斯在偷走众神的食物并牺牲自己的儿子后，被众神惩罚，要他永远遭受饥渴折磨。他被迫站在一个水池里，水会涨到齐颈处，头上有果树，每当他想喝水时，水位就会下降，当他饥饿时，结满各种果实的枝条就会被风吹开。

类别：过渡金属

发现年份：1802 年

发现者：瑞典化学家安德斯·古斯塔夫·埃克伯格

趣事：1802 年，埃克伯格声称自己发现了一种新的金属，而另一位化学家确信这种元素就是已发现的铌。直到大约四十年后，科学家才证实这不是铌而是钽。

▲▲▲▲▲▲▲▲▲▲

钽的用途

我们的手机和很多其他小型电子产品中都有钽电容器。钽对人体没有危害，所以它被广泛应用于人工关节和其他人体植入物中。

钽与生态灾难

人们在刚果（金）发现了钽矿。对那里的野生动物来说，钽矿开采的后果是灾难性的，对大猩猩来说尤其如此。因为矿工的不断涌入，野生动物被当作食物，遭遇疯狂猎杀。

74 W 钨

钨是一种坚硬的金属，它密度很大，熔点也很高。钨是一种强大的金属，在高温下仍能保持原有的性质，所以成了制造白炽灯灯丝的材料。不过在照明过程中，大部分电能被转化为热能，少部分才被转化为光能，所以内装钨丝的白炽灯并不节能。

类别：过渡金属

发现年份：1783 年

发现者：西班牙化学家埃尔乌耶兄弟

趣事：钨的密度与金非常接近，但光泽不如金。造假者会在钨砖上镀金，以冒充金条。

足够坚硬

碳化钨是目前已知的最坚固的材料之一。碳化钨能使许多东西变得十分坚硬，所以人们用它制作了钻头、锯条、圆珠笔的笔尖等。

75 Re 铼

铼是地壳中最稀有的元素之一。铼的高熔点和高密度使它成为诱人的金属合金原料，但铼的稀缺性限制了人们对它的使用。铼与其他金属制造出的合金能承受极端温度，可应用于战斗机的发动机中。

类别：过渡金属

发现年份：1925 年

发现者：德国化学家瓦尔特·诺达克、伊达·诺达克、奥托·贝格

趣事：门捷列夫设计元素周期表时预测了铼并在元素周期表上给它留了位置。铼是拥有稳定同位素的元素中最后一个被发现的。

76 Os 锇

锇常用于制造合金。锇的合金密度很高，非常坚固，是制作黑胶唱机的唱针和钢笔笔尖的完美选择。

类别：过渡金属

发现年份：1804 年

发现者：英国化学家史密森·坦南特

趣事：四氧化锇粉末极易与手指上的脂质交联，因此已应用于指纹检测中。

犯罪现场调查：可用于侦查的元素

犯罪现场调查和法医学领域经常依赖单个元素的特性来发现犯罪线索并鉴定微量物证。

四氧化锇可以用于指纹检测。当我们用指尖触摸物体表面时，会留下指纹形状的脂质痕迹。四氧化锇可交联脂质，将其染色，从而用来和嫌疑人的指纹做对比。

77 Ir 铱

虽然铱在地壳中很稀有，但它在陨石中的含量却很多。人们在世界各地都发现了铱含量高于平均水平的薄层沉积岩。科学家们推测，大约 6500 万年前，一颗小行星撞击了地球，导致了恐龙的灭绝！铱的高密度、高熔点、耐腐蚀等特性使其在合金中应用广泛，但由于铱的供应量不足，它在笔尖、指南针轴承和火花塞上的应用很有限。

类别：过渡金属
发现年份：1804 年
发现者：英国化学家史密森·坦南特
趣事：威拉姆特陨石是在美国发现的体积最大的陨石，它的铱含量要比在地球上发现的一般陨石的铱含量高得多。

78 Pt 铂

铂是一种贵金属，因其美观、实用而受到追捧，其市场价格也反映了这种需求。

不仅漂亮，而且用途广泛

铂有许多超能力，这也是它的价值所在。铂是为数不多的在常温下能抵抗盐酸、硫酸、硝酸和碱溶液的元素之一，对高温的抵抗力也很强，所以很难熔化。纯净的铂是银白色的，外观十分美丽。它不易被锈蚀或腐蚀，非常适合制作成珠宝。除了漂亮这个优点，铂还有许多其他重要的用途。铂可作为燃料电池发电的催化剂，也可应用于汽车的催化转化器中。铂还可应用在光纤、液晶显示器、涡轮机叶片、火花塞、心脏起搏器和抗癌药物中。

类别：过渡金属
发现年份：1748 年
发现者：西班牙科学家安东尼奥·德·乌略亚
趣事：铂的使用可以追溯到 2000 年前，但欧洲科学家直到 18 世纪中期才知道这种元素。

79 Au 金

金被认为是最早被人类发现和利用的金属之一，这是有道理的，因为金是最不活泼的金属之一，所以在自然界中几乎不与其他元素形成化合物。金一般不会失去光泽，能始终保持金色，这使它很容易与其他元素区别开。当你掸去黄金上的灰尘时，它的光辉会立刻显现出来。

类别：过渡金属

发现年份：未知

发现者：未知

趣事：1872 年，在澳大利亚的小城希尔恩德，人们发现了一个含金量超过 90 千克的金块，这是人们迄今为止发现的最大的金块。

黄金的价值和用途

考古学家发现，人类在五千多年前就开始制造黄金饰品了。不论历经多少个世纪，黄金一直具有较高的价值。有人估计，历史上人们提炼的所有黄金可装满一个边长为 25 米的立方体。

世界上大部分的黄金会被做成珠宝，其实，黄金也是很好的导体。用黄金作为电触点材料，可以避免因腐蚀导致的接触不良。黄金可应用于牙科医疗，制成填充物和假牙，还可用于关节炎的治疗。

山中和海里都有黄金

今天，大部分的黄金都是通过氰化法提金工艺提炼出来的。主要过程是先以氰化钠处理粉碎的矿石，再用锌还原，然后金就能被提取出来了。不幸的是，氰化物是有毒的，所以这个过程对环境有害。大多数人不知道的是，地球的海洋中充满了黄金，每吨海水中大约有 0.1~2 毫克，但人们还没有找到一种经济、有效的方法从海水中提取黄金。

汞

汞是一种迷人的元素，因为它神秘又危险。汞是常温常压下唯一以液态形式存在的金属。常压状态下，汞在大约零下 38.8℃时会变成固体，大约 356.6℃时才沸腾！当我们形容某事物"灵活多变"（mercurial）时，我们脑海中会出现墨丘利[1]的形象，汞这个元素就是以他命名的，因为汞十分"灵活"，可以迅速地从一个地方流到另一个地方。

类别：过渡金属
发现年份：未知
发现者：未知
趣事：在土耳其的一个洞穴里，人们发现了公元前 8000 年至公元前 7000 年的壁画，壁画中明亮的红色就是汞的化合物——硫化汞。

[1]墨丘利是罗马神话中众神的使者，是商业之神，行动敏捷，头脑灵活。

像帽匠一样疯掉

曾经有一段时间，人们相信汞能延长寿命，且能让人体更健康。事实完全相反，汞毒害了那些把它当作保健品的人。英语中"疯得像个帽匠"（mad as a hatter）这个短语就是用来形容帽匠的疯狂行为的，因为他们在工作中会接触汞蒸气，最后因汞中毒而发疯。汞中毒的症状包括性格突变、震颤、视力变差、耳聋、肌肉不协调、记忆力变差等。"疯帽匠"现象出现几年后，科学家和医学界人士开始认识到汞是十分危险的，它除了会对大脑造成损害外，还会对内脏和神经系统产生毒害。汞中毒曾经相当普遍，但人们已在健康和安全领域对汞的使用进行了立法，现在汞中毒已经很少见了。

汞的生物富集

有毒的汞通过化石燃料（如煤）的燃烧进入我们的环境：空气、水和土壤中。在海洋中，汞会进入海洋食物链，生物富集的过程就此开始：体内只有一点点汞的小鱼会被大鱼吃掉，而大鱼会富集小鱼体内的汞，大鱼又被更大的鱼吃掉，以此类推。当人类吃太多特定种类的鱼，如金枪鱼或旗鱼时，人类就不知不觉地进入到了这一危险的链条中。

小心使用

虽然汞有毒，但一些温度计和气压计仍在使用它，所以使用时要十分小心。除此之外，它还是一种良好的导电材料，广泛应用于荧光灯和汞蒸气灯中。

81 Tl 铊

铊在地壳中含量较低。因为铊有毒，所以实际的用途很少。硫化铊可应用于光敏光电管、玻璃和医疗扫描设备中。

类别：其他元素

发现年份：1861 年

发现者：英国化学家威廉·克鲁克斯

趣事：尽管铊有毒，但它曾经被用来治疗癣病和其他皮肤病。

铊的危险性

到了 20 世纪中叶，铊已经有了毒药的"美誉"。人们会用硫酸铊来制作鼠药，这种鼠药无味、无色，很容易混入食物或饮料中。铊中毒导致的呕吐、胃痛、脱发和谵妄等一系列症状，往往被人们混淆为其他疾病。铊就这样成了掩盖中毒真相的"武器"。

有毒品

82 Pb 铅

铅耐腐蚀、易于加工，自古以来一直应用广泛。铅有较强的抗放射线穿透的性能，人们去做牙科检查或做医学 X 射线检查时穿的铅制围裙，就是其中一种应用方式。

不过，铅会对人体神经系统、心血管系统、骨骼系统等造成影响。人们注意到了铅的毒性，所以它的大部分用途都被放弃了。近百年来，汽油中普遍会加铅以提高能效，这造成了铅污染。我们今天仍在努力解决这个问题。另外，许多老房子的自来水管都使用了含铅的漆或焊料。

类别：其他元素

发现年份：未知

发现者：未知

趣事：在拉丁语中，"plumbum" 的意思是铅，这个拉丁语单词是铅的元素符号 Pb 和管道工（plumber）一词的起源。①

① 铅曾广泛应用于管道中。

▲▲▲▲▲▲▲▲▲▲▲▲▲▲▲▲

重金属铅

人类使用铅已经有数千年了。在古埃及墓葬中，人们发现了含有铅化合物的化妆品。第一批大量使用铅的是罗马人，每年提炼的铅多达 8 万吨。金属铅的熔点不高，很容易焊接和弯曲，因此常被做成自来水系统的管道。罗马人甚至用铅使酒变甜。后世一些人把罗马的衰落归咎于铅中毒，他们觉得那时罗马统治者的神经系统之所以受损，都是因为铅中毒。

83 Bi 铋

由于铋在地球上的储量较为丰富，所以铋是古代炼金术常用的重要金属。人们常把铋与铅、锡弄混。1753 年，克劳德·弗朗索瓦·若弗鲁瓦证明了铋是一种新的致密金属。

类别：其他元素

发现年份：未知

发现者：未知的炼金术士

趣事：铋比铅安全，常被当作水管中铅的替代品。

胃的抚慰剂

自 18 世纪以来，铋一直被用于治疗胃部疾病。你可能已经摄入过铋，因为次水杨酸铋常用于治疗胃部不适或腹泻。

84 Po 钋

钋的外文名为"Polonium"，命名来源是玛丽·居里的祖国波兰（Poland）。钋是人类已知的最致命的物质之一。不到 1 微克的钋（大约一粒灰尘大小）就可以杀死一个人。天然的钋存在于铀矿石和钍矿石中，由于含量稀少，所以钋主要借助人工合成方法获得。由于钋的半衰期很短，所以它很少见。钋有一些特殊用途，钋原子能作为原子弹的触发器。

放射性物品

类别：其他元素

发现年份：1898 年

发现者：波兰裔法国物理学家、化学家玛丽·居里和丈夫皮埃尔·居里

趣事：钋-210 是钋的一种常见同位素，放射性很强，能电离周围的空气，发出蓝光。

被钋杀死的秘密特工

据说，2006 年 11 月 1 日，某国前特工在一家酒店突感不适。11 月 23 日，他不治身亡。检测显示，他体内含有大量的钋，或被人下了毒。

85 At 砹

砹的半衰期最长只有 8 小时左右，所以它在自然界中含量极少。在任何给定的时间点，地球上的砹都不足 50 克。除了人工合成，铀和钍也会自然衰变成砹，但因砹的半衰期很短，不会存在很长时间，所以人们对它的研究还不深。

类别：卤族元素
发现年份：1940 年
发现者：美国物理学家戴尔·R.科森、肯尼斯·罗斯·麦肯齐，以及意大利裔美国物理学家埃米利奥·塞格雷

86 Rn 氡

氡气具有放射性，密度约为空气的 7.5 倍。氡气几乎没有商业用途，因为它会致癌。氡是铀、钍、镭等放射性元素衰变形成的。在生活中，有些地方的氡气浓度相对较高，例如城市里那些用花岗岩建造的建筑。氡气从花岗岩内部的矿物质中逸出，扩散到空气中，长期吸入会让人患上肺癌。一般来说，空气中的氡含量很小，但在火山温泉或地热发电厂附近，氡气含量可能很高。有些人居住的地下室里有高浓度的氡，这是因为空气缺乏流通，氡被困在了地下室里。如今，人们建立了一整套检测和减轻氡气危害的工业体系标准，家庭检测试剂盒也已得到广泛应用。

类别：稀有气体
发现年份：1900 年
发现者：德国物理学家弗里德里希·恩斯特·多恩
趣事：纽约中央火车站由花岗岩建成，会释放出少量氡气，具有放射性。

87 Fr 钫

你可能已经猜到，钫（Francium）是在法国（France）发现的，其最稳定的同位素的半衰期也只有 22 分钟左右，有强放射性且不稳定。由于钫在地球上存在的时间很短，所以目前为止几乎没有商业用途。如果要对钫进行研究，需要提前人工制取。

类别：碱金属
发现年份：1939 年
发现者：法国物理学家玛格丽特·佩雷

88 Ra 镭

居里夫妇从沥青铀矿中分离出铀后，注意到剩余的沥青铀矿比分离出来的铀更具放射性，由此他们意识到沥青铀矿中肯定含有另一种放射性元素，之后，他们便发现了镭。

类别：碱土金属
发现年份：1898 年
发现者：波兰裔法国物理学家、化学家玛丽·居里和丈夫皮埃尔·居里
趣事：居里夫人对镭的发光现象（由镭的放射性引起）很着迷，她说："发着微光的管子就像一盏仙女灯。"

看到光

20 世纪初，镭被发现后不久，由于它具有发光性，在制造业（发光手表和时钟表盘）得到了广泛应用，又因为它具备杀死癌细胞的能力，人们开始把它当作万能"补药"。镭能杀死癌细胞，但它对人体的健康细胞危害更大。在工厂和医疗机构工作的人由于经常接触镭而开始生病。20 世纪 20 年代，美国工厂里的手表女工要在手表表盘上涂上发光的镭漆，并按指示舔刷子尖，这对她们的健康造成了严重危害，甚至导致了部分女工的死亡。一群女工起诉雇主，要求赔偿损失。她们被称为"镭女郎"。她们的诉讼行为产生了积极影响，为后来的人们获得更好的劳动保护和更安全的工作环境铺平了道路。虽然人们后来停止使用镭了，但它对那些已经接触它的人——包括玛丽·居里——都产生了持久的负面影响。居里夫人后来患上了再生障碍性贫血，并因此去世。

居里夫妇

居里夫人的原名是玛丽·斯克沃多夫斯卡，1867年出生于波兰华沙，是一位富有创新精神和毅力的科学家。1894年，她克服了经济困难、性别歧视和政治动荡，前往巴黎工作，在化学和物理领域充满激情地进行探索研究。当年，她遇到了时任物理学教授的皮埃尔·居里，后来皮埃尔成了她的丈夫和研究伙伴。两人沉浸在对放射性元素的研究中，从沥青铀矿中分离出了钋和镭，并为这两种元素命名。1903年，居里夫妇因其研究成果获得了诺贝尔奖，这使玛丽·居里成为第一位获得诺贝尔奖的女性。

不幸的是，1906年，皮埃尔在过马路时被一辆马车撞倒并因此逝世。玛丽开始和她的女儿伊雷娜·约里奥－居里一起工作，两人的研究重点是镭在医疗和健康方面的用途。玛丽在世的时候，人们还不知道辐射的危害性，她在研究时几乎没有采取安全措施。她的文件档案甚至她的烹饪菜谱至今都仍有放射性。玛丽在1934年因再生障碍性贫血逝世，这很有可能是因为她在整个研究生涯中都一直承受着辐射。她的研究成果堪称元素历史上最重要的几项贡献之一，具有重大的意义。

89 Ac 锕

锕具有放射性，在暗处能发出暗蓝色的光。铀矿石中存在锕，但大多数锕是人工制备的。锕除了在某些癌症的实验性放射疗法中得到应用外，其他用途很少。

类别：过渡金属
发现年份：1899 年
发现者：法国化学家安德烈 – 路易·德比耶纳

90 Th 钍

与其他锕系元素不同，钍在地球上储量颇丰。然而，由于钍的放射性不亚于其他锕系元素，因此在完全了解其危险性之前，钍还不能大范围应用。科学家们相信，最终他们可以将这些丰度①较大的钍，应用在核裂变反应堆中，用其发电，但额外研究成本很高，这也将是一个巨大的挑战。

类别：过渡金属
发现年份：1828 年
发现者：瑞典化学家约恩斯·雅各布·贝尔塞柳斯

①指一种化学元素在某个自然体中的重量占这个自然体总重量的相对份额。

91 Pa 镤

镤的外文名是"Protactinium"，意思是"在锕之前"，这是因为铀原子会衰变形成镤原子，而镤原子又会衰变形成锕。在铀矿石中，镤的含量为百万分之零点三到百万分之三，是十分稀有且难以生产的。因此，除了好奇的科学家在实验室中研究镤之外，它其他的用途很少。

类别：过渡金属

发现年份：1918 年

发现者：德国科学家奥托·哈恩、英国科学家弗雷德里克·索迪等

92 U 铀

铀是自然界中能够稳定存在的元素中最"重"的元素。铀的放射性给了它当之无愧的危险名声。第一颗原子弹的动力是铀，这颗原子弹被起了"小男孩"这个不恰当的绰号，于1945年被投放到日本广岛市，造成了巨大的破坏，并对环境以及市民健康造成了毁灭性的持久影响。

类别：过渡金属

发现年份：1789 年

发现者：德国化学家马丁·海因里希·克拉普罗特

趣事：铀 -238 的半衰期约为 45 亿年，与地球的年龄大致相同。

裂变

铀的天然放射性同位素有铀-238、铀-235 和铀-234。这三种同位素中，只有铀-235 容易裂变，这意味着铀-235 的原子核在受到中子轰击时，可以分裂并释放出能量和更多的中子。这种裂变会引起链式反应，释放出巨大的能量，因此铀-235 被用作核武器的燃料。未来，人们可以在核反应堆中对这种裂变加以利用和调节，为我们的家庭和工作场所提供动力。

超铀元素从何而来

原子序数大于 92 的元素被称为超铀元素，又称铀后元素。超铀元素大多是人工合成的，只有微量的超铀元素存在于自然界，如镎和钚。合成元素都是具有放射性的，随着时间的推移会衰变。与地球的年龄相比，许多超铀元素的半衰期都十分短暂，它们可能曾经存在于四十多亿年前的地球上，但现在早已衰变成其他元素了。

科学家如何"制造"元素？

我们知道，要创造一个新的元素，需要在原子核中装载更多的质子。科学家们能够做到这一点。他们通过提取铀的同位素 U-238，在核反应堆中用中子轰击它，从而创造出一种新的元素。这种方法对镄（原子序数为 100）之后的元素无效，所以科学家开始在粒子加速器中让两种元素的原子核对撞，试图将两个原子核融合成一个更大的原子核，从而创造出新的元素。

发现完了吗？

到目前为止，科学家们已经能够将 118 个质子塞进一个原子核中，这个元素被命名为"鿫"，但是原子序数大于 100 的元素非常不稳定，很多只能维持几毫秒。随着质子填充使原子核密度增加，之后，再产生稳定的元素似乎不太可能了，但有献身精神的科学家仍在尝试扩展元素周期表。

放射性

拥挤的房子

当某种元素的同位素不稳定时，它会通过放射性衰变，以辐射的形式释放能量。这种辐射可能是致命的，它会穿透人们的细胞并且让人们患上癌症，但它也可以用来治疗癌症。放射性衰变有三种类型：α 衰变、β 衰变和 γ 衰变。

93 NP 镎

镎在自然界中存在的量极少，人们只在铀矿中发现了微量的镎，是由铀衰变后的游荡中子产生的。镎可应用于中子探测器中。

▶▶▶▶▶▶▶▶▶▶▶▶▶

类别：过渡金属
发现年份：1940 年
发现者：美国物理学家埃德温·麦克米伦和菲力普·埃布尔森

94 Pu 钚

钚是原子能工业中的一种重要原料。起初，科学家们只能生产肉眼都看不见的少量钚。第一次生产出的可见量的钚约为百万分之三克。

▶▶▶▶▶▶▶▶▶▶▶▶▶

钚的危害

钚-239 和钚-241 具有裂变性，这意味着它们在核反应过程中可起到重要作用。钚具有放射性，人们如果吸入或摄入钚，会在肝脏和骨骼等部位聚集，对人体产生毒害。由于钚的半衰期很长，它对人类的危害将持续几十万年。

类别：过渡金属
发现年份：1940 年
发现者：美国化学家格伦·西奥多·西博格、美国物理学家埃德温·麦克米伦及其同事

趣事：在美国，个人持有钚是非法的，但有一个例外：一些人可能在他们的身体里植入了钚电池供电的起搏器，这是被允许的。

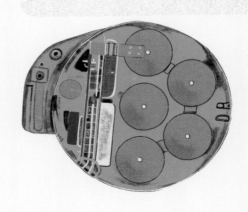

95 Am 镅

和其他锕系元素一样，镅具有放射性，但微量的镅可以挽救生命。家用烟雾探测器中的镅会发射 α 粒子，使电离室内的空气发生电离，而且可以让探测器传导电流。如果有烟雾微粒进入电离室，就会触发报警器。

类别：过渡金属

发现年份：1945 年

发现者：美国化学家格伦·西奥多·西博格及其同事

▲▲▲▲▲▲▲▲▲▲▲▲▲▲▲▲▲▲▲

96 Cm 锔

地球上自然存在的锔都早已完全衰变。今天，只有通过人工核反应才能制备锔。锔具有极强的放射性，能释放出大量的能量。由于锔十分稀缺而且会产生放射性废物，所以利用它的能量有些不切实际。不过，已经有人提议用锔为航天器提供动力。

类别：过渡金属

发现年份：1944 年

发现者：美国化学家格伦·西奥多·西博格及其同事

趣事：居里夫妇并不是锔的发现者，但锔被命名为"Curium"是为了纪念居里夫妇。

▲▲▲▲▲▲▲▲▲▲▲

97 Bk 锫

锫的外文名为"Berkelium"，命名来源是它的发现地——加利福尼亚大学伯克利分校。科学家们用高能 α 粒子轰击镅-241，产生了锫的一个微量的元素样本。锫不是在自然环境中产生的，人工产量也很小。科学家们还不知道锫的沸点，因为他们还没有获得足够的锫来测量。

类别：过渡金属
发现年份：1949 年
发现者：美国化学家斯坦利·汤普森、格伦·西奥多·西博格等

▲▲▲▲▲▲▲▲▲▲▲▲▲

98 Cf 锎

在加利福尼亚大学伯克利分校，科学家们在粒子加速器中用 α 粒子轰击锔-242，因此首次制得了锎，并将其命名为"Californi-um"，命名来源是加利福尼亚州。锎和其他锕系元素一样具有放射性。锎-252 是强中子射源，放射性极高，非常危险。

类别：过渡金属
发现年份：1950 年
发现者：美国化学家斯坦利·汤普森、格伦·西奥多·西博格等

▲▲▲▲▲▲▲▲▲▲▲▲▲

99 Es 锿

锿是在"迈克"①爆炸的沉降物中发现的，这是第一次基于核聚变而不是核裂变原理的核爆炸。发现这种元素的研究小组决定以阿尔伯特·爱因斯坦（Albert Einstein）的名字为其命名。

① "迈克"是美国核试验中试爆的第一颗技术完全成熟的热核武器，也是第一颗真正的氢弹。

类别：过渡金属
发现年份：1952 年
发现者：美国化学家格伦·西奥多·西博格及其同事

▲▲▲▲▲▲▲▲▲▲

100 Fm 镄

和锿一样，镄也是在"迈克"爆炸后的沉降物中发现的，而且其外文名也是为了纪念一个著名的物理学家，这个物理学家就是费米（Fermi）。费米是意大利裔美籍物理学家，是核物理领域的先驱。1942 年，费米在芝加哥大学的球场建造了第一个裂变反应堆。

类别：过渡金属
发现年份：1952 年
发现者：美国化学家格伦·西奥多·西博格及其同事

▲▲▲▲▲▲▲▲▲▲

101—118号元素

我们已经来到了元素周期表中几乎没有任何实际用途的区域。该区域内的大多数元素以数量很少的原子形式存在，且存在的时间非常有限。许多元素因为存在时间极短或数量不够，无法对其进行化学分析。这些元素都是人工制备的。

元素名称	原子序数	元素符号	元素类别	发现年份	发现地	命名纪念
钔	101	Md	过渡金属	1955	美国	俄国化学家门捷列夫
锘	102	No	过渡金属	1957	瑞典、美国、英国	瑞典化学家阿尔弗雷德·诺贝尔
铹	103	Lr	过渡金属	1961	美国	美国物理学家欧内斯特·劳伦斯
𬬻	104	Rf	过渡金属	1964	苏联	新西兰裔英国物理学家欧内斯特·卢瑟福
𬭊	105	Db	过渡金属	1968	苏联	杜布纳联合核子研究所
𬭳	106	Sg	过渡金属	1974	美国	美国化学家格伦·西奥多·西博格
𬭶	107	Bh	过渡金属	1981	德国	丹麦物理学家尼尔斯·玻尔

元素名称	原子序数	元素符号	元素类别	发现年份	发现地	命名纪念
镙	108	Hs	过渡金属	1984	德国	德国的黑森州
镄	109	Mt	过渡金属	1982	德国	奥地利裔物理学家莉泽·迈特纳
钛	110	Ds	过渡金属	1994	德国	德国达姆施塔特市
铊	111	Rg	过渡金属	1994	德国	德国物理学家威廉·伦琴
锝	112	Cn	过渡金属	1996	德国	波兰天文学家尼古拉·哥白尼
钦	113	Nh	其他元素	2004	日本	日本
铁	114	Fl	其他元素	1998	俄罗斯、美国	苏联物理学家格奥尔基·弗廖罗夫
镆	115	Mc	其他元素	2003	俄罗斯、美国	俄罗斯首都莫斯科
铊	116	Lv	其他元素	2000	俄罗斯、美国	劳伦斯·利弗莫尔国家实验室
础	117	Ts	卤族元素	2010	俄罗斯、美国	田纳西州
氯	118	Og	稀有气体	2006	俄罗斯、美国	俄罗斯核物理学家尤里·奥加涅相

为元素周期表做出贡献的杰出化学家

卡尔·威廉·舍勒（1742—1786），瑞典化学家，14 岁时开始在瑞典的一位药剂师手下当学徒。这期间，舍勒学到了非常多的化学知识。艾萨克·阿西莫夫[1]把他称为"倒霉的舍勒"，因为他对包括氧、钨、钡、氢在内的许多元素的发现都有贡献，但有些元素后来才得到其他科学家的确认，所以舍勒没能成为这些元素公认的发现者。谢天谢地，科学界还是公认他是氯的发现者。

①艾萨克·阿西莫夫（1920—1992），美国科幻小说作家，代表作有"银河帝国"系列等。

马丁·海因里希·克拉普罗特（1743—1817），德国化学家，发现了铀、锆和铈。克拉普罗特在德国是一位非常重要的化学家，写了两百多篇论文，出版了一本长达五卷的化学词典。

汉弗莱·戴维（1778—1829），英国化学家，发现了钡、钙、镁、钾、钠等元素（有的是与其他人共同发现）。戴维年轻的时候在一名外科医生的手下当学徒。利用业余时间，戴维自学了化学、神学、哲学、诗歌等，除此之外，他还学会了七种外语！

约恩斯·雅各布·贝尔塞柳斯（1779—1848），瑞典化学家，现代化学的奠基人之一。他发现了硒、硅、铈、钍。他在电化学方面进行了一系列开创性的著名实验，也是最早接受原子论的欧洲科学家之一，认识到需要一个新的化学命名体系。

卡尔·古斯塔夫·莫桑德（1797—1858），瑞典化学家，约恩斯·雅各布·贝尔塞柳斯的一名学生。他发现了镧、铒、铽。1832年，他接任贝尔塞柳斯出任斯德哥尔摩卡罗林斯卡学院的化学和药学教授。

威廉·拉姆齐（1852—1916），英国化学家，他在分离氩、氦、氖、氪、氙的工作中做出了卓有成效的贡献，这促使了元素周期表中一个新分类——稀有气体的诞生。1904年，拉姆齐获得了诺贝尔化学奖。

莉泽·迈特纳（1878—1968），奥地利裔德国物理学家，贝尔塔·卡尔利克的亲密同事，主要从事元素放射性和核物理的研究。她是第一个用理论解释奥托·哈恩于1938年发现的核裂变的科学家。莉泽·迈特纳是德国第一位女性物理学教授。镙元素是以她的名字命名的。

伊达·诺达克（1896—1978），德国物理学家、化学家，她与丈夫瓦尔特·诺达克、奥托·贝格一起发现了铼元素。1934年，她首次预言了核裂变的可能性。她获得了三次诺贝尔化学奖提名。

贝尔塔·卡尔利克（1904—1990），奥地利物理学家，她发现了砹是自然衰变的产物。她利用自己在海洋学和元素放射性方面的知识，让人们关注到了海水中的铀污染。贝尔塔·卡尔利克是维也纳大学第一位女性教授。

玛格丽特·佩雷（1909—1975），法国物理学家，玛丽·居里的学生。她发现了元素钫。1962 年，她成为法兰西科学院的院士，是获得这一荣誉的第一位女性，但她的导师玛丽·居里却与这一荣誉失之交臂。

格伦·西奥多·西博格（1912—1999），美国化学家，与十种超铀元素的发现密切相关，并因此获得了 1951 年的诺贝尔化学奖。他的工作为元素周期表中锕系元素的排列做出了巨大的贡献。元素𬭳是为了纪念他而命名的。

艾伯特·吉奥索（1915—2010），美国核物理学家，参与了元素周期表中十二种化学元素的发现，这些元素是：锔、锫、锎、锿、镄、钔、钅、锘、铹、𬬻、𬭳。

达莲娜·霍夫曼（1926— ），美国化学家。她是超铀元素分析小组的一员，也是证实镄存在的研究人员之一。

唐·肖内西（1971— ），美国化学家。她参与了原子序数从114 到 118 的元素的发现。

为元素周期表做出贡献的女性科学家

自炼金术时代以来，女性一直在为发现和理解元素做出贡献。但不幸的是，她们中的许多人及其成就都被历史遗忘了。在 19 世纪和 20 世纪初，随着化学科学领域的确立，女性往往被劝阻不要从事化学研究，她们往往只被允许在实验室中担任次要角色。玛丽·居里是女性中从事化学研究的先行者，并成为推动女性从事科学研究的催化剂。直到现在，许多女性仍在为得到化学领域的机会和认可而奋斗。

知识加油站

半导体：常温下导电性能介于导体与绝缘体之间的材料。

半衰期：放射性元素的原子核有半数发生衰变所需要的时间。

超铀元素：原子序数大于 92 的元素。

催化剂：在化学反应里能改变化学反应速率而不改变化学平衡，且自身的质量和化学性质在化学反应前后都没有发生改变的物质。

催化转化器：汽车排气系统的一部分，一种将发动机排放的污染物转化为毒性较低的排放物的装置。

代谢：一般是指生物体内所发生的用于维持生命的一系列有序的化学反应的总称。

地核：地球内部构造的中心层圈。

电解质：在水溶液（或非水溶液）中或在熔融状态下能导电的化合物。

惰性：指某些物质不易跟其他物质反应的性质。

放射性衰变：不稳定原子核自发地放射出射线而转变为其他原子核或同一种原子核的不同能态的过程。

沸点：液体开始沸腾的温度。

分子：物质中能够独立存在的相对稳定并保持该物质化学特性的最小微粒。

腐蚀：金属材料或非金属材料在周围介质（水、空气、酸、碱、盐等）作用下产生损耗或受到破坏的过程。

高分子化合物：一般指相对分子质量高达几万到几百万的化合物。

光纤：光导纤维的简写，是一种由玻璃或塑料制成的纤维，可用于长距离通信。

合金：在金属中加热熔合某些金属或非金属后形成的具有金属特性的混合物。

核聚变：轻原子核（例如氘和氚）结合成较重原子核（例如氦）时放出巨大能量的过程。

核裂变：由重原子核（主要是指铀核或钚核）分裂成两个或多个质量较小的原子的一种核反应。

化合物：由两种或两种以上元素组成的纯净物。

化学元素：具有相同的核电荷数（核内质子数）的一类原子的总称。

静电力：静止带电体之间的相互作用力。

可塑性：物质在压力下变平或变形的能力。

离子：原子或原子团失去或得到一个或几个电子而形成的带电荷的粒子。

粒子加速器：利用电场来推动带电粒子，使之获得高能量的机器。

酶：由活细胞产生的、对其底物具有高度特异性和高度催化效能的蛋白质或 RNA（核糖核酸）。

密度：对特定体积内的质量的量度。一个特定体积的物体，质量越大，则它的密度就越大。

诺贝尔奖：根据诺贝尔 1895 年的遗嘱设立的五个奖项，包括物理学奖、化学奖、和平奖、生理学或医学奖、文学奖，除此之外，还包括瑞典中央银行 1968 年设立的诺贝尔经济学奖。

熔炼：高温下应用冶金炉把有价金属和精矿中的大量脉石分离开的各种作业。

顺磁性：材料对磁场响应很弱的磁性。

同素异形体：由同样的单一化学元素组成，因原子排列方式不同而具有不同性质的单质。例如，碳的同素异形体有石墨、金刚石等，这些由碳组成的不同形式的物质的碳原子是以不同方式结合在一起的。

同位素：质子数相同而中子数不同的同一元素的不同原子互称为同位素。

亚原子粒子：比原子更小的电子、质子、中子等各种粒子的总称。

延展性：材料在受力破裂之前塑性变形（塑性变形是一种不可自行恢复的变形）的能力。

原子：在化学反应中不可再分的基本微粒，由原子核和绕核运动的电子组成，原子核由质子和中子组成。

原子核反应堆：能维持可控自持链式核裂变反应以实现核能利用的装置。

原子序数：元素在元素周期表中的序号，在数值上等于原子核的核电荷数（即质子数）。

原子质量：分为绝对原子质量和相对原子质量。绝对原子质量指的是 1 个原子的实际质量。相对原子质量是原子的相对质量，即以一种碳原子（原子核内有 6 个质子和 6 个中子的一种碳原子，这种碳原子可简单地用 C-12 表示）质量的十二分之一作为标准，其他原子的实际质量跟它相比较所得的数值就是该种原子的相对原子质量。

质量：物质的惯性大小的量度。

质子：组成原子核的核子之一，带正电荷的亚原子粒子。

中子：原子核的组成粒子之一，是电中性粒子，具有微小但非零的磁矩。

周期：元素周期表中的行。

族：元素周期表中的列。

pH：氢离子浓度指数，可以反映溶液的酸碱度。

α 粒子：某些放射性物质衰变时放射出来的粒子，由两个中子和两个质子构成。

γ 辐射：一种强电磁波，波长比 X 射线短。